全国专业技术人员新职业培训教程

# 人工智能工程技术人员（初级）

# 自然语言及语音处理产品实现

人力资源社会保障部专业技术人员管理司　组织编写

中国人事出版社

图书在版编目（CIP）数据

人工智能工程技术人员：初级．自然语言及语音处理产品实现 / 人力资源社会保障部专业技术人员管理司组织编写．-- 北京：中国人事出版社，2023

全国专业技术人员新职业培训教程

ISBN 978-7-5129-1802-3

Ⅰ．①人… Ⅱ．①人… Ⅲ．①人工智能 - 应用 - 技术培训 - 教材 Ⅳ．①TP18

中国国家版本馆 CIP 数据核字（2023）第 143234 号

**中国人事出版社出版发行**

（北京市惠新东街 1 号　邮政编码：100029）

*

保定市中画美凯印刷有限公司印刷装订　　新华书店经销

787 毫米 ×1092 毫米　16 开本　10.25 印张　152 千字

2023 年 10 月第 1 版　　2023 年 10 月第 1 次印刷

**定价：28.00 元**

营销中心电话：400-606-6496

出版社网址：http://www.class.com.cn

# 本书编委会

## 指导委员会

**主　　任：**杨建军

**副 主 任：**吕卫锋

**委　　员：**龚怡宏　闵华清　陶建华

## 编审委员会

**总 编 审：**孙文龙

**副总编审：**吴东亚

**主　　编：**蔡　毅

**副 主 编：**张　馨　卢瑞炜

**编写人员：**王国华　张日崇　周　江　司徒润威　吴灿涛　谭锦涛　杨迪宇　齐　路　葛海龙　张雪翌　杨晴虹

**主审人员：**戴忠建　陶建华　常　鹏　张治斌

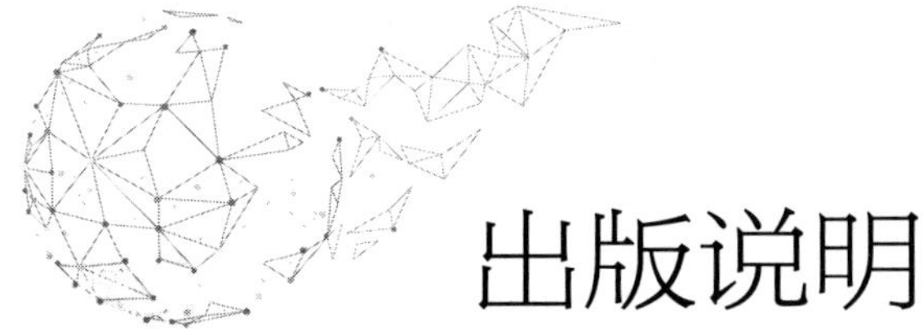

# 出版说明

当今世界正经历百年未有之大变局，我国正处于实现中华民族伟大复兴关键时期。在全球经济低迷，我国加快形成以国内大循环为主体、国内国际双循环相互促进的新发展格局背景下，数字经济发挥着提振经济的重要作用。党的十九届五中全会提出，要发展战略性新兴产业，推动互联网、大数据、人工智能等同各产业深度融合，推动先进制造业集群发展，构建一批各具特色、优势互补、结构合理的战略性新兴产业增长引擎。“十四五”期间，数字经济将继续快速发展、全面发力，成为我国推动高质量发展的核心动力。

近年来，人工智能、物联网、大数据、云计算、数字化管理、智能制造、工业互联网、虚拟现实、区块链、集成电路等数字技术领域新职业不断涌现，这些新职业从业人员通过不断学习与探索，将推动科技创新、释放巨大能量，推动人们生产生活方式智能化、智慧化、数字化，推动传统产业转型升级，为经济高质量发展注入强劲活力。我国在技术、消费与应用领域具备数字经济创新领先优势，但还存在数字技术人才供给缺口较大、关键核心技术领域自主创新能力不足、数字经济与实体经济融合的深度和广度不够等问题。发展数字经济，推进数字产业化和产业数字化，推动数字经济和实体经济深度融合，急需培育壮大数字技术工程师队伍。

人力资源社会保障部会同有关行业主管部门将陆续制定颁布数字技术领域国家职业标准，坚持以职业活动为导向、以专业能力为核心，遵循人才成长规律，对从业人员的理论知识和专业能力提出综合性引导性培养标准，为加快培育数字技术人才提供基本依据。根据《人力资源社会保障部办公厅关于加强新职业培训工作的通知》（人社厅发〔2021〕28号）要求，为提高新职业培训的针对性、有效性，进一步发挥新职业培训促进更好就业的作用，人力资源社会保障部专业技术人员管理司组织相关领域的专家学者编写了全国专业技术人员新职业培训教程，供相关领域开展新职业培训使用。

本系列教程依据相应国家职业标准和培训大纲编写，划分初级、中级、高级三个等级，有的职业划分若干职业方向。教程紧贴数字技术人员职业活动特点，定位于全国平均水平，且是相关数字技术人员经过继续教育或岗位实践能够达到的水平，突出该职业领域的核心理论知识、主流技术及未来发展要求，为教学活动和培训考核提供规范和引导，将帮助广大有意或正在从事数字技术职业人员改善知识结构、掌握数字技术、提升创新能力。

希望本系列教程的出版，能够在加强数字技术人才队伍建设、推动数字经济快速发展中发挥支持作用。

# 目　录

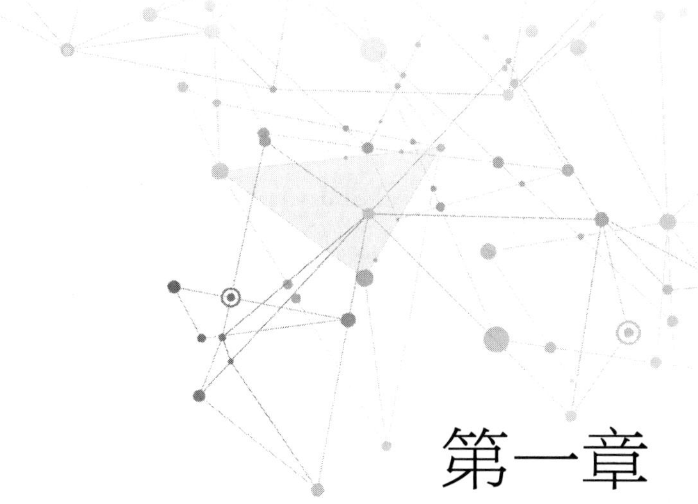

# 第一章 自然语言及语音处理工程基础

智能语音技术与自然语言处理技术都是人工智能领域的重要分支，是实现人工智能理解人类意图并与人类进行交互的重要途径。自然语言处理技术关注怎么将自然语言转化为计算机可以理解的形式，智能语音技术关注如何处理与生成人类语音。虽然两者研究方向不同，但自然语言处理技术可以利用智能语音相关技术将人类语音转换成计算机可以理解的形式，而智能语音技术可以利用自然语言处理相关技术对识别到的文本进行处理并作出智能反馈。这两个技术都有大量的应用场景，具有非常重要且实际的研究意义。

- **职业功能：**智能语音及自然语言处理基础知识。
- **工作内容：**智能语音涉及语音识别、编码与合成相关知识，自然语言处理涉及自然语言理解与生成相关知识。
- **专业能力要求：**能够了解自然语言及语音处理相关的模型框架，理解其原理与应用场景，并具有相关的工程实践能力。
- **相关知识要求：**智能语音部分，了解传统的波形拼接、参数合成语音合成技术，基于隐马尔可夫模型的语音识别技术，基于小波变换、谱减法等方法的语音去噪技术；并熟悉深度学习在智能语音领域的应用；自然语言处理部分，了解

LSTM、Transformer 等深度学习算法，机器学习基础知识词法分析、分词、问答对话、文本摘要等自然语言处理任务的技术原理，语言模型、预训练模型、编码器－解码器等算法框架基础知识。

# 第一节　自然语言处理基础

**考核知识点及能力要求：**

- 理解自然语言处理深度学习算法（LSTM、Transformer 等）和机器学习基础知识；
- 了解自然语言处理底层任务（如词法分析、句法分析、分词等）技术原理；
- 理解自然语言处理应用任务（如文本分类、问答对话、文本摘要等）技术原理；
- 理解语言模型、预训练模型、编码器－解码器等算法框架基础知识；
- 理解自然语言处理多种深度学习框架的设计与开发。

自然语言处理的技术包括词汇、短语、句子和篇章级别的语义表示，分词、句法分析等语法结构分析方法，以及语义分析、语言认知模型和知识图谱等。

## 一、词法、句法及语义分析

词法分析的主要内容是词性标注和词义标注。词性作为词汇的基本属性之一是自然语言处理的重要参数，词性标注就是判断给定句子中每个词的词性，其重点是解决兼类词和确定未登录词的词性问题。而词义标注的重点是解决如何判定多义词在具体语境中的义项问题：一个多义词固然可以表达多种含义，但其意义在具体语境中是确定的，因此标注的过程通常是先明确语境，再判断词义。

句法分析的主要任务是判断组成语句的各成分并明确它们之间的相互关系，得到语句的句法结构，通常有完全句法分析和浅层句法分析两种方法。完全句法分析是指通过一系列的句法分析，获得句子的完整的句法树。它主要存在两个难点：一是词性歧义，二是搜索空间大，是句子中词语数量的指数级别。浅层句法分析则只要求识别出句子中的语块，即某些结构相对简单的成分，例如动词短语、非递归的名词短语等，故而该方法又称部分句法分析或语块分析。针对语块的识别和分析是浅层语法分析的首要目标，通常浅层语法分析也包括对语块之间依存关系的分析，二者共同构成其主要任务。

语义分析是指根据句子中每个实词的词义和句子的句法结构将句子意义归纳转化为某种形式化表示，获得与自然语言含义相同或基本相同的计算机能够理解的形式语言。其中“句法语义一体化”的策略在针对句子的分析与处理方面仍占有主流地位，“先句法后语义”的方法有时也有应用。目前的语义分析技术尚不十分成熟，因此以词义消歧和浅层语义分析为代表的运用统计方法获取语义信息的研究颇受关注。

自然语言处理的基础研究也涉及语用语境研究和篇章分析。作为对自然语言的深层理解，“语用”即人对语言的具体运用，受到具体语境及语言使用者的知识涵养、语言习惯、真实想法甚至言外之意等多种因素影响，能否准确研判和分析语用直接左右着自然语言处理的准确性。而语境分析主要包括情景语境和文化语境分析。篇章分析则是走出句子研究的界限，从段落和整篇文章的水平作理解和分析。

此外，自然语言处理基础研究还包括指代消解、词义消歧、命名实体识别等方向的研究。

## 二、机器翻译

机器翻译（machine translation）是指通过机器，借助特定的计算机程序将一种书写形式或声音形式的自然语言，翻译成另一种书写形式或声音形式的自然语言。机器翻译是一门交叉学科（边缘学科），由计算机语言学、数理逻辑、人工智能三门子学科组成，这三者各自建立在语言学、数学、计算机科学的基础之上。

文本翻译目前仍以传统的统计机器翻译和神经网络翻译为主流工作方式。文本翻译的主要特点是速度快、成本低，且应用广泛，不同行业都能够应用相应的专业翻译，国内外公司如谷歌、微软、百度、有道等都已为用户提供了免费的在线多语言翻译服

务，但是翻译过程机械且僵硬，在翻译过程中容易出现语义语境上的问题，最终仍离不开人工翻译的补充。

目前机器翻译中比较富有创新色彩的方向当属语音翻译，在产业界的应用十分广泛，例如，面向会议场景推出的机器同传技术，可以将演讲者的语音实时转换成文本并同步翻译，翻译结果显示低延迟，以期取代人工同传，低成本地实现不同语言的人们间的有效交流。图像翻译技术也有所进展，能够自动整理或帮助用户搜索无识别标签的照片的技术。此外视频翻译和 VR 翻译也有一定应用，尽管目前的技术并不太成熟。

## 三、信息检索

信息检索是从相关文档或资料集合中查找用户所需信息的过程。对比用户输入的检索关键词与数据库中的标引词，二者匹配成功即为检索成功，这是信息检索的基本原理。

以谷歌为代表的“关键词查询 + 选择性浏览”交互方式已成为目前搜索引擎的主流：搜索引擎将用户输入的关键词作为查询依据进行检索，但并非直接反馈检索目标页面，而是给用户提供一个可能的检索目标页面列表，用户浏览该列表并从中挑选出能切合其信息需求的页面加以浏览。

## 四、自动问答

自动问答是一种计算机自动回答用户所提出的问题以满足用户知识或信息需求的技术。关于自动问答的实现，首先必须在生成回答前正确理解用户提出的问题，获取其中关键的信息，然后在已有的知识库或语料库中进行检索、匹配，将相关性强的答案反馈给用户。该过程涉及多项技术，包括词法句法、语义分析、词义消歧等基础技术和信息检索、文本生成、知识工程等。

问答技术按照目标数据源的差异大体可以分为三种：检索式问答、社区问答和知识库问答。前两者主要利用浅层语义分析和关键词匹配，而后者则需要逐步实现深层的逻辑知识推理。

## 五、文本分类

文本分类是指通过计算机对输入文本进行分类，例如判断“你真是个帅哥啊”这句话是褒义还是贬义，它的应用场景非常广泛，例如情感分类、机器人中的意图识别等。分类问题是自然语言处理中的基础问题，但是在实际应用中也会面临一些挑战。当类别非常多或者类别与类别之间差异很小时，文本分类的难度以指数级别增加；另外有时需要考虑额外特征才能分类正确，例如判断“你真是个帅哥啊”这句话是讽刺还是真心的赞美，通常需要结合说话人的语气。

在早期有一些文本分类依托于传统机器学习，比如贝叶斯模型以某种词语特征为基础和 SVM 分类器等。伴随深度学习的兴起，LSTM、CNN 模型后接 Softmax 的文本分类架构被大量使用，以此为基础，一些开源文本分类工具如 Fasttext、TextCNN 等因其便捷高效也开始流行。此外，利用 Attention 等技巧与概念也可以一定程度地优化模型的效果。

除了上述传统分类模式，文本分类还有另外一种模式，即通过将文本向量化，再通过聚类获得类别，NLTK 等开源 NLP 工具都有便捷的 Doc2vec API。如果效果不好，可以使用 BERT 的【CLS】向量。此外，还可以增加 TF-IDF 模块，构建更有表达能力的 DocVec。

## 六、信息抽取任务

信息抽取（information extraction，IE）的目的是在非结构化文本信息中抽取出计算机能够处理的结构化信息，最初用于定位自然语言文档中的特定信息。信息抽取实际上是一个十分宽泛的概念，简单地看，从文本中获取感兴趣的内容就可以称为信息抽取。信息抽取在 NLP 中一般包括实体抽取、关系抽取和事件抽取等任务。实体抽取的核心为序列标记任务，关系抽取和事件抽取则往往转化为分类问题，而进行关系抽取一般需要先确认主体及客体，因此，关系抽取的过程通常附带有实体抽取的要求。

信息抽取在早期通常采用正则和传统的机器学习方法，而深度学习的快速发展给

信息抽取技术创新带来了新的契机。实体抽取与关系抽取的方式从 Pipline 逐渐发展到了 end-to-end，其使用的特征抽取器也一步步从 LSTM、CNN 优化到了 Transformer。需要特别指出的是，BERT 在信息抽取方面功能强大，基于 BERT 和阅读理解任务的信息抽取技术取得了很好的效果。

# 第二节　自然语言处理的典型应用

**考核知识点及能力要求：**

- *理解与掌握自然语言处理典型应用。*

近些年来，自然语言处理技术发展迅速，不仅涌现出大量的语义语法的词表、词典和语料库，语法分析、句法分析、词性标注等基础的自然语言处理技术也在不断地得到提高。除此之外，随着语言模型研究的深入，出现了大量以预训练模型为基础的新的自然语言处理技术，这使得计算机对语言文字的理解更加深入，这也极大地推动了自然语言处理技术在工业界的应用。而互联网与移动互联网和世界经济社会一体化潮流也促成了工业界对自然语言处理技术的迫切需求，为自然语言处理技术的研究发展提供了强大的市场动力。接下来的部分将结合日常生活来介绍自然语言处理的一些应用。

## 一、搜索

首先，搜索是日常生活中的一大需求，而搜索的核心就是自然语言处理技术，它通过中文分词、词性标注等技术来对用户输入的句子或者词语进行解析，理解用户的意图，然后与数据库中的文档、网页等做匹配，利用文本匹配技术来对结果进行排序，最终再将排序的结果呈现给用户。另外，像百度或者谷歌这样的搜索引擎也会在页面的右边展现出跟用户输入内容相关的推荐，这也是基于自然语言处理技术所实现的内容相似度计算与排序，最终将所选出的合适的内容进行拓展推荐。图 1–1 为搜索引擎示例。

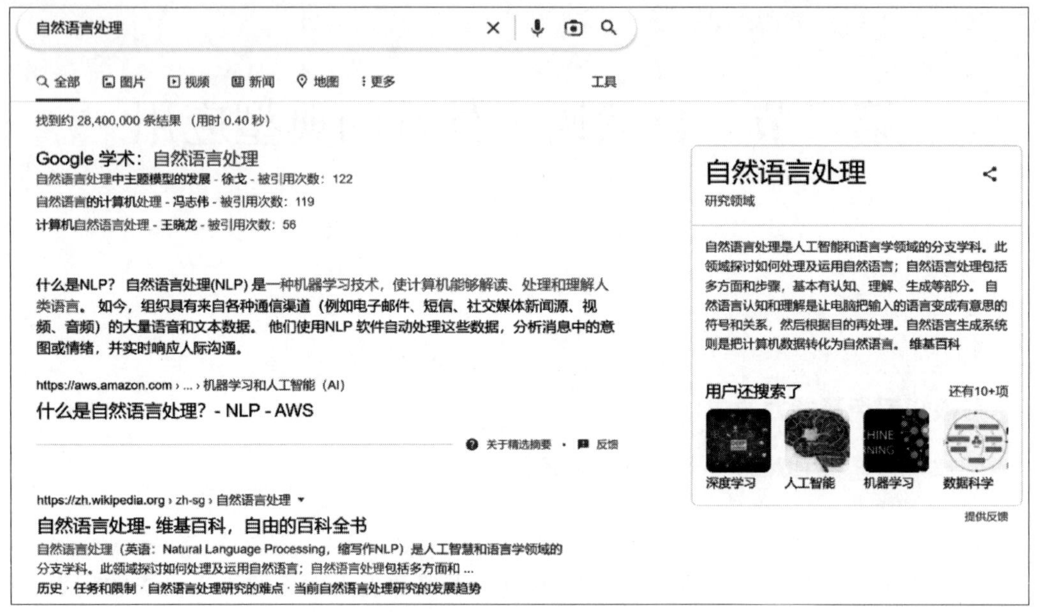


**图 1–1　搜索引擎示例**

## 二、智能客服

智能客服行业作为人工智能技术较早实现商业化落地的领域，吸引了众多企业争相布局，是自然语言处理技术的一个大的应用场景。在金融领域，智能客服系统所提供的呼叫中心服务，解决了金融行业的电话销售问题，它可以代替传统的人工进行催收、回访等工作。智能客服系统还拥有强大的数据知识库，可以迅速搭建、学习完整的金融知识体系，可以帮助提高客户服务质量，提升客户成交转化率。智能客服可通过全渠道接入、统一化管理，来为电商行业提供更加智能合理的客户服务平台，减轻客服人员压力，提升工作效率。而且，智能机器人客服可以保持 7 天每天 24 小时在

线，为客户提供全天候的咨询服务，用服务促交易。

## 三、推荐系统

现在流行的电商平台、短视频平台、音乐 App 以及新闻网站等，到处都包含着推荐的内容。比如电商平台会推荐用户感兴趣的商品或者正在查看商品的配套互补商品以及相似商品；短视频平台会根据用户的信息以及观看历史来推荐用户喜欢的视频；音乐 App 也会根据用户的信息以及一贯的风格、常听的音乐来进行音乐作品推荐，新闻网站也会根据用户喜欢的栏目、常关注的新闻等进行推荐。这些应用背后的推荐都是通过自然语言处理技术来实现的。

## 四、机器翻译

使用过百度翻译或者谷歌翻译的用户都知道，通过机器翻译应用不仅可以方便地查询指定单词或者短语的意思，也可以将句子、文档等从一种语言翻译为另一种语言，这对于阅读外文文献有极大的帮助，而这类翻译应用的背后就是自然语言处理技术中的机器翻译技术。机器翻译的任务是自动地将一种语言的文本转换为另一种语言的文本，并且不改变原始文本的语义。在没有机器翻译的时候，出国旅行、国际文化交流以及对外贸易场景中，语言障碍是一个天然痛点；有了机器翻译应用之后，人们可以不借助于人工翻译而是借助机器翻译来实现跨语言的理解和交流，从而实现不同语种的无障碍交流。另外，中文的信息只占世界信息的 10%，出于对外文资源查阅的需求，跨语言检索量也在逐年增加。可以将机器翻译和信息检索技术进行结合，不管用户输入中文还是英文，系统都会从大量的文档或者网页中选出用户想要的搜索结果，并应用机器翻译技术自动将其进行翻译，呈现各种语言页面的搜索结果。

## 五、社交媒体分析

如今，越来越多的人开始使用社交媒体发布他们对特定产品、政策或问题的想法。这其中可能包含一些有关个人喜好等有用信息。通过自然语言处理技术分析这种非结构化数据可以帮助产生有价值的见解以及舆论方向，也便于发现需救援的紧急情况。

有很多公司利用 NLP 技术对社交网络中的内容进行分析，获取产品在用户使用过程中出现的各种问题，借助社交媒体了解并分析客户对它们的产品的看法。

## 六、语音助手

在科技日益发达的今天，大批语音助手类产品出现在市面上，比如小爱音箱、百度音箱、天猫精灵等；在日常使用的智能手机中也都有语音助手的身影，比如小米手机中的“小爱同学”，OPPO 手机中的“Breeno”，华为手机中的语音助手“小艺”等。从设置早上的闹钟，到对空调等家电的控制，语音助手可以做生活中的很多事情。语音助手是通过语音识别以及自然语言处理和语音生成技术来实现的，其中比较核心的用户查询理解以及用户查询响应都是由自然语言处理技术来实现的。

## 七、邮件过滤

邮箱是我们平时都会用到的工具，我们每天也会收到很多邮件，在这些邮件之中有很大一部分是我们不需要看的，比如说购物网站的通知，使用邮箱所注册的一些第三方网站的通知或者推荐邮件。如果这些邮件一开始就不出现在正常的邮件提醒中，我们将省去很多干扰，“邮件过滤”可以自动识别这一类邮件，将这类邮件归入垃圾邮件的类别。自然语言处理技术可以利用邮件的标题、发件人、邮件文本内容等特征来对邮件进行建模分析，通过构建文本分类模型来自动判断一封邮件是否是垃圾邮件。

除了以上所介绍的应用之外，自然语言处理技术还有很多应用场景，比如语法检查、定向广告等，可见生活中的方方面面都有自然语言处理技术的支撑。

# 第三节　自然语言处理的职业类型发展

结合自然语言处理相关技术的基础与相关应用，本节介绍自然语言处理的市场现状、未来发展趋势和职业需求。

**考核知识点及能力要求：**

- 熟悉自然语言处理主流平台；
- 了解自然语言处理发展趋势的认知与展望；
- 了解自然语言处理职业发展要求。

## 一、自然语言处理市场现状

### （一）搜索引擎

百度：作为百度成立最早的部门之一，百度自然语言处理部的研究领域涵盖深度问答、智能写作、阅读理解、机器翻译、对话系统、语义计算、知识挖掘、语言分析、个性化、反馈学习等，也包括分词，词性标注，专名识别，词向量化，词重要性、词紧密度、词相似度、句相似度、句通顺度识别，句法分析以及语义分析等面向中文文本的基础自然语言处理技术，与其相关的研究已在搜索引擎、度秘、资讯流等多个场景中得到应用。尤其在对于中文文本的处理方面，百度依托于搜索引擎的数据积累对很多研究工作产生较大影响，如大规模中文预训练模型 ERNIE，能够有效支撑大部分下游自然语言处理任务。

谷歌：谷歌是最早开展自然语言处理技术研究的团队之一。因其公司业务核心为搜索，谷歌对自然语言处理技术重视程度更高，且以庞大复杂的数据库作为有力的数据支撑。谷歌在自然语言处理技术方面的研究偏向于针对应用规模、跨语言和跨领域的算法。谷歌在众多业务中都已使用其研究成果，改善了用户在搜索、应用、移动、翻译、广告等方面的体验。例如，在机器翻译方面，2016 年谷歌发布的 GNMT 应用最先进的训练技术，能够最大限度地提高机器翻译的质量；又在 2017 年宣布其机器翻译实现了以 Transformer 为基础网络架构的模型，刷新了该领域的最高水平。

搜狗：2012 年，搜狗开始布局自然语言处理领域。以多年来的技术和数据积累为基础，并依托互联网公司在获取文字信息方面的固有优势，其在 2016 年推出了搜狗知音自然语言处理平台，核心目标功能是为用户提供模块化的产品服务及解决方案。当前，该平台包括语音识别、语音合成、机器翻译、语音分析等通用模块，构建了合乎行业要求以及针对不同场景的客制化解决方案。近年来，搜狗知音自然语言处理平台结合客户的反馈，已拥有面向文体娱乐、科研教育、企业服务等领域的专有解决方案。为加快平台用户落地，得到垂直领域解决方案，其推出了搜狗分身、搜狗同传等产品，目前，搜狗分身与搜狗同传在传媒、金融、教育等领域已被广泛使用。

### （二）电子商务

阿里巴巴：阿里巴巴推出了 AliNLP 自然语言处理平台，以适应其复杂的电商生态。该平台框架可分为三层：底层由各类基础数据库组成；中间层包括各项基本自然语言处理技术，如词法分析、文档分析、句法分析等；而上层则面向以智能交互、搜索推荐等大业务单元为代表的各个行业垂直场景。并且，AliNLP 自然语言处理平台还将重点发展不同应用服务模块以满足通用场景需求，从而更好地落地传统行业领域。淘宝网的人工智能客服“阿里小蜜”正是依托于阿里的 AliNLP 自然语言处理平台，构建了三个服务板块：用户服务、助手服务、聊天服务。其以数据与对应知识库为基础，可自主实现客户与商家之间的有效沟通和服务。而在零售服务中，约 95% 的用户的客服需求可以通过系统对知识图谱内容抽取和构造开放域对话系统解决。在当前从纯人力或几乎纯人力到智能 + 人力的客服环境转型的背景下，大部分的淘宝人工客服都已被“阿里小蜜”所替代。

京东：总的来说，京东 AI 开放平台包括模型定制化平台和在线服务模块。自然语言处理模块作为一类定制化模型，包括情感分析、短文本相似度、词法分析、词义相似度、词向量等基础自然语言处理算法，也包括商品信息抽取、地址解析等电商平台特色自然语言处理衍生任务。它的在线服务模块包括语音交互、计算机视觉、机器学习、自然语言处理等。目前自然语言处理技术在京东供应链、物流、金融、广告等多个领域均有应用，包括智能客服、个性化推荐等具体应用场景。

亚马逊：Alexa 作为亚马逊推出的开放性自然语言处理平台，本意是支持其智能音箱硬件，包括 Alexa 平台框架、Alexa Skill Kit 和 Alexa Voice Service 三部分。Alexa 平台框架是 Alexa 最核心的部分，承担亚马逊的语音服务及相关功能；Alexa Skill Kit 工具包能够满足个体开发者的需要，针对 Alexa 的功能模块做个性化增补；Alexa Voice Service 向终端设备提供的服务，需要集成在物联网终端设备中。Alexa 能够实现对外部语音指令及时识别、判断和回复，其技术核心是自动会话识别和自然语言理解引擎。针对不同行业的多个垂直领域，亚马逊综合采用 Alexa 平台及与其兼容的硬件设备，推出了一系列语音处理相关的辅助工具。其中，Alexa 在企业服务领域的一个典型应用是 Alexa for Business，聚焦企业会议场景。该系统能够更加直接地自动预订会议室，或基于对获取的环境声音信息的分析取消无人参加的已预订会议室。自动开启电话会议后，通过实时获取和处理企业会议期间的语音，Alexa for Business 还能记录会议内容并整理。

### （三）新闻资讯

字节跳动：字节跳动于 2016 年就成立了 AI Lab，旨在为字节跳动内容平台服务的创新技术进行研发。得益于该公司的海量数据及应用场景，依托人工智能技术应用与反馈的良性循环，字节跳动平台不断改进现有模型，开发新的应用程序来提升用户体验，并持续探索机器智能的更多未知领域。AI Lab 自然语言处理团队利用今日头条、News Republic 或 TopBuzz 中积累的语言内容作为数据源，进行句法和语义分析、文本分类、情感分析、文本匹配和检索、文本摘要、对话系统、机器翻译、自然语言生成、信息抽取、语言和视觉等的学习，为字节跳动所有产品提供翻译与搜索服务，同时支撑面向体育、金融、时事的新闻写作机器人。

人民网：人民网舆情监测数据中心是国内最早开展互联网舆情监测及相关研究的机构之一，在舆情监测和分析研究领域占有国内领先地位，已形成了一套较完整的网络舆情监测理论体系、工作方法、作业流程和应用技术。

早期的舆情监测常常通过“关键词”结合“与”“或”“非”的判断逻辑进行数据检索，对数据的二次处理通常需要辅以大量的人工；而智能化监测的数据准确性，则是基于自然语言处理技术对内容进行的多维度识别。人民网 AI 舆情系统依托自然语言处理技术，通过情感分析技术获取敏感信息，应用垃圾分类模型提高数据精度，同时实时反映、评判舆论状态，预估舆论走向。此外，该系统还能通过事理图谱、热点聚类、文本分类等机器学习方法，针对舆情事件的发展脉络、特征分布、风险等级自动进行阶段性总结，并给出趋势预测。

新华网：新华网建立了专业的舆情分析团队，掌握了业内领先的舆情监测、统计与分析技术，积累了丰富的舆情研判经验。此外新华网还推出了“舆情在线”网络舆情监测与分析系列产品和服务，旨在依托新华网权威媒体平台和先进技术手段以及阵容庞大的专家队伍，提供全国乃至全球网络舆情、电视舆情监测研判服务，危机公关及舆论引导服务。该系统集成了在网络舆情监测领域的众多领先技术，包括搜索源数据关键技术、智能化信息分类及聚合技术、海量信息实时处理技术、视频语音识别技术、视频特征提取技术，以及电视画面识别与匹配技术等，建成了业内技术最先进、搜索范围最广泛的网络舆情监测系统和电视舆情监测系统。

### （四）智能手机

华为：华为诺亚方舟实验室在自然语言处理领域主要研究三大方向：语音技术、对话技术和机器翻译。华为的各种产品和服务中都已开始广泛应用诺亚方舟的自然语言处理技术。以大众日常使用的华为手机中的手机语音助手为例，其集成了诺亚方舟的语音识别和对话技术。华为内部大量的技术资料的翻译工作也得到了诺亚方舟的机器翻译技术的有力支持。华为的全球技术支持系统（GTS）具有快速准确地回答复杂技术问题的能力，背后依托是诺亚方舟以知识图谱为基础的问答技术。诺亚方舟实验室在自然语言文本匹配、对话生成、神经网络机器翻译领域的研究成果已被研究者广泛引用，在自然语言处理的研究方面取得了突出的成果。

小米：小米 AI 实验室主攻 AI 技术的研发及业务落地，包括计算机视觉、语音、声学、NLP、知识图谱和机器学习等。在 NLP 方面，该实验室主要从事 MiNLP 平台构建、机器翻译、人机对话、智能问答、自动写作、多模态理解、内容过滤、情感分析等相关的研发工作。目前 MiNLP 已经推出 3.0 版本，也已经应用到公司 30 多个业务中，日调用量达到 80 亿次，获得了业务方的不少赞誉。内置了人机对话、智能问答的产品小爱同学，每天有大量的用户访问。文本创作、多模态内容理解、内容过滤、情感分析等技术也在研发中，已应用到大量的实际场景中。

### （五）即时通信

腾讯：腾讯的人工智能实验室 AI Lab 的研究方向包括计算机视觉、语音识别、自然语言处理、机器学习等。AI Lab 研发的腾讯文智自然语言处理基于并行计算、分布式爬虫系统并采用独特的语义分析技术，可实现对自然语言的抽取、处理、转码、数据抓取等功能。同时，其借助文智 API 还可以满足搜索、推荐、挖掘、舆情监测等需要。2017 年，腾讯宣布翻译君上线“同声传译”新功能，在机器翻译方面实现了用户边说边翻，其中边说边翻的速度与精准性正是来源于语音识别 +NMT 等技术的成功应用。

## 二、自然语言处理未来趋势

### （一）多模态语言处理融合

利用深度学习神经网络，语言模态、图像模态、文字模态、视频模态的编码和解码能够在同一个深度学习框架下统一运行，即不同模态的数据可以以同一模式编码与解码。其优势是能够实现不同模态对象的任意融合，包括语言分析、语音分析、图像分析等各种结果能得到在统一空间中的表示，从而创造更多产品应用模式。例如科大讯飞发布的语音交互系统 AIUI，通过融合语音技术和语义理解技术实现智能助手多个功能区域协同工作，提高了产品的智能化水平并优化了人机交互体验。该技术能够帮助机器同时处理视觉、听觉和触觉等认知与感知信息，打破已有机器各方面智能间的壁垒，模拟人类大脑。想要赋予 AI 更高智能，未来就必然要走向自然语言处理技术、语音处理技术、图像处理技术等人工智能技术的深度融合。

### （二）自然语言处理应用逐渐成熟

随着自然语言处理技术研究的不断深入，特别是在知识图谱、机器翻译、阅读理解和智能创作等方面的越来越成熟的应用，自然语言处理应用越来越广泛。目前，知识图谱技术已广泛应用于各大互联网公司的产品中及科研、金融、医疗、服务、汽车等领域，如百度搜索引擎建立的通用知识图谱，阿里健康联合国家级医疗健康大数据平台构建的医学知识图谱“医知鹿”，腾讯推出的医疗 AI 引擎“腾讯睿知”等。此外，智能创作的应用也愈加广泛，百度开发的人工智能写作辅助平台“创作大脑”具备达到大学生写作纠错能力平均水平的智能语义纠错功能，其判断准确率超 95%，可以为作者提供高质量的信息提取、纠错等写作辅助服务，便于高效率写作。微软的智能助手小冰已经开始发展辅助音乐创作者作词、作曲、演唱等功能。IBM 研发了智能辩手，通过处理大量文本，根据既定主题生成结构良好的演讲，实现清晰明了的辩论。目前业界研发的各种自然语言处理技术是智能创作的基础，很好地反映出了业界自然语言处理技术的水平，比如最近引起广泛关注的以 ChatGPT 为代表的大规模预训练语言模型，良好的用户体验与高质量的多轮对话，再一次掀起了业界、学界对于通用人工智能的讨论。

## 三、自然语言处理职业需求

自然语言处理要求从业人员充分了解自身业务和同类业务的需求，准确认识产品特性和研发要点，理解算法本质，能够合理组合、优化并创新已有模型来实现更加强大的功能，解决更加复杂的问题。

### （一）专业知识要求

#### 1. 在编程方面

从业者应熟练掌握有关算法开发的程序设计语言。具体要求包括：深入理解编程语言（以 Python 和 C++ 为代表）的特性、应用及开发；熟练掌握各种数据处理手段和有关数学方法（例如使用 Numpy）；对于并行处理数据或计算技术能够提出针对性的解决方案；能够选用合适的第三方工具，综合使用脚本语言结合高级语言（例如 Python 及 C++ 语言），开发完整的机器学习程序。

**2. 在机器学习基础方面**

从业者应具备独立完成包括模型选择、设计、开发在内的完整业务流程的能力。具体要求包括：能够将用户需求准确转换为机器学习语言或针对业务需求选择合适的算法及模型；能够根据需要综合使用机器学习相关技术，具备技术选型能力，并掌握建模技术；能够基于标准算法和已知模型，进行新的模型设计或优化。

**3. 在神经网络基础方面**

从业者应具备完成神经网络模型研究与开发的能力。具体要求包括：具有神经网络模型实际应用的经验；能够熟练调用、流畅运行深度神经网络模型，并且当应用于实际任务，面临进行参数的调整和适配时，对关键参数（包括但不限于数据策略、优化算法、参数规模、网络中的核心模块、损失函数、正则项等）能提供解决方案；可以按照论文及有关技术资料实现新模型，并验证其效果。

**4. 在深度学习基础方面**

从业者应能够独立或指导团队开发相关产品。具体要求包括：能够针对具体场景和特定的需求标准，选取、优化模型；面对更复杂的应用问题有成功开发经验，深刻理解深度学习原理并具备创新能力。

**（二）工程能力要求**

**1. 在代码规范能力方面**

从业者应能够在日常工作中贯彻规范（包含代码规范、文档规范、质量保障规范等）；能够遵照规范参与及指导团队合作。

**2. 在算法模型实现能力方面**

从业者应能够熟练地独立开发算法，熟悉机器学习任务开发全流程。具体要求包括：能够独立地使用指定的机器学习平台，训练机器学习模型，并一定程度上优化模型效果；能够根据机器学习理论，完成一系列任务，包括选择模型、训练模型、分析数据、特征优化、数据策略迭代、学习效果迭代、预测服务开发等；熟悉并能独立完成机器学习应用开发的全流程。

**3. 在工程开发与架构设计能力方面**

从业者应能够提出性能优化方案并实现它。具体要求包括：熟悉多种机器学习工具或平台的使用；能够部署及运用工具面向指定的性能要求完成开发；能够理解、拆解并实现不完全熟悉的技术方案；能够调优工程性能指标。

**（三）业务理解与实践能力要求**

**1. 在行业及业务知识方面**

从业者应全面了解本行业的业务和产品。具体要求包括：掌握同类核心业务的有关知识，深入了解产品的特性及需求；能够对产品和产业发展、技术架构方向及行业未来发展趋势提出独立的、有针对性的见解。

**2. 在业务应用能力方面**

从业者应能够熟练实现自然语言处理技术在自身业务和产品上的应用。具体要求包括：在充分了解产品特性和研发要点的基础上准确分析产品需求，从而能依据产品和业务架构的未来发展进行有针对性、预留性及可扩展性的技术设计；能够面向实际问题需要熟练使用深度学习方法进行建模。

# 第四节　智能语音基础

智能语音是针对语音这一对象展开语义识别、理解和生成等研究的学科。智能语音的核心技术能够赋予机器自然语音处理能力，包括使机器具备“听觉”“理解能力”以及“语言能力”等。智能语音的基础技术有语音合成、语音识别、声纹识别、自然语言理解、语音去噪等。

**考核知识点及能力要求：**

- 熟悉智能语音处理涉及的主要技术；

- 掌握语音合成技术的主要模块；
- 掌握基于隐马尔可夫模型、深度学习的语音识别技术。

## 一、语音合成技术

语音合成（text to speech，TTS）是将文字转化为语音的技术，在中文界面它将计算机自己产生的或外部输入的文字信息转化为流利的、可以听懂的语音输出。在语音合成技术中，主要分为文本分析部分和声学系统部分，语言分析部分是对输入的文字信息进行分析，将文本标准化，生成对应的语言学规格书；声学系统部分是依据语音分析部分得出的语音学规格书，合成对应的音频。

语言分析部分主要由文本结构与语种判断、文本标准化、文本转音素和句读韵律预测四个环节组成。文本结构与语种判断判断文本语种并确定相应语种的句法规则；文本标准化将待合成文本中的文本表达进行统一，如将阿拉伯数字统一转化为统一标准；文本转音素则根据统一完成的文本进行音素匹配，确定读音；句读韵律预测模块对文本以停顿、轻读等更加真实的模仿方式进行预测。

声学系统部分目前主要包括三种技术实现方式：波形拼接、参数合成以及端到端的语音合成技术。波形拼接的合成技术，如 LPC 合成技术、PSOLA 合成技术、LMA 合成技术，基于对大规模录制的音频，通过统计规则将已有的音节进行波形拼接，能够获得高品质、情感自然的语音，但是需要大量的录音资源积累，且字间过渡不够平滑；参数合成技术主要是运用数学方法对已有录音进行频谱特性分析与参数建模，构建文本序列到语音特征的映射关系，从而生成参数合成器，具有所需录音量小、可多个音色共同训练的优点，但整体音质机械感强；端到端的语音合成技术采用神经网络学习的方法，实现直接输入文本或者注音字符，中间为黑盒部分，然后输出合成音频，极大地简化了复杂的语言分析部分。随着神经网络的发展，端到端的方式成为目前主流的语音合成技术，它对语言学知识要求低，合成的音频拟人化程度高、效果好，但是合成音频的性能有所降低。

## 二、语音识别技术

语音识别技术又称为自动语音识别（automatic speech recognition，ASR），核心任务是将人类语音转化为计算机可以处理的内容，例如按键、字符序列或二进制编码。

语音识别技术的系统框架包括三部分：①声学特征提取。采集模拟语音信号得到波形数据，再利用特征提取模块进行分析，得到相关声学特征参数以备后续训练声学模型使用。②声学模型。其主要采用隐马尔可夫模型（HMM）、动态时间规整（DTW）作为声学模型，以预测单词序列，实现观察到音频序列的概率最大化。③语言模型与语言处理。语言模型包括由识别语音命令组成的语法网络和由统计方法组成的语言模型，语言处理能够分析语法、语义。目前，由于深度神经网络具有较强的自动适应、自主学习特性，业界将神经网络算法与传统语音识别方法相结合，改进声学模型与语言模型效果，提升语音识别效果。

## 三、声纹识别技术

声纹识别技术是根据声纹信息识别人类身份的生物特征识别技术。声纹识别技术通过采集发声者的包括口腔大小形状、声门开合频率及声道长度等在内的声学特征，与库中的信息进行对比，从而识别出发声者的身份。声纹识别技术主要有两方面应用：①发声者辨认，主要用于从某一语料的若干发声者中寻找指定发声者；②发声者确认，主要用于确认某一语料是否由某特定发声者发出。声纹识别技术实现原理类似于语音识别技术，但由于声纹技术识别的主要任务是判断发声者身份，其实现过程比起语音识别更简单。声纹识别技术未来的主要发展方向是降低各种因素对声纹信息和识别准确度的干扰，例如发声者身体状况、发声者说话方式、录音信道以及环境噪声等，提高声纹识别技术在复杂环境中的可靠性。

## 四、自然语言理解技术

自然语言理解技术是通过自然语言处理技术，使计算机理解人类语言的含义，并以对话的方式回答用户提出的问题。自然语音理解技术核心是建立自然语言的语音表达方式与计算机能理解的表达方式之间的映射，其基本原理是根据词义和句式结构推导句子的意义。在特定的句子中，一个多义词的确切含义通常可以根据上下文进行判断。自然语音理解技术通过引入部分规则机制，结合统计的方式来改进计算机对自

然语言理解的缺陷；同时自然语言理解技术根据开放学习机制对统计数据进行修正，降低语料统计数据的局限性。

### 五、语音去噪技术

语音去噪又被称为语音增强，主要是针对有人声的音频进行处理，目的是去除那些背景噪声，增强音频中人声的可懂性。语音去噪技术能够改善语音质量，获得高质量语音通信过程，便于系统准确理解语音内容，降低噪声污染对语音收录的影响。常见语音去噪方法包括小波变换降噪法、谱减法、自适应噪声抵消法、声音滤波器等，随着数据积累与人工智能技术的发展，目前有许多基于深度学习的语音去噪技术被提出，提升了语音去噪的效果。未来，语音去噪技术会针对实际环境，提高应用结合度，进一步减少噪音干扰对语音语义识别的影响。

## 第五节　智能语音的典型应用

智能语音关注人机交互中的语音实现问题，大体以基础语音技术、智能化技术和大数据技术为基本技术支撑。总的来说，现阶段多数智能语音技术水平均处在稳定上升阶段，语音识别技术甚至已经实现生产上的成熟化，这意味着智能语音技术正在逐渐成熟。对接国家战略方针，依托国家和地方配套政策的推动和支持，人工智能行业的相对完整的产业链已经逐步形成并粗具规模，大型互联网公司及专业的智能语音企业与产业下游应用领域的融合不断深入，推动各领域从数字化、网络化向智能化加速发展，已有许多典型的智能语音应用实例。

**考核知识点及能力要求：**

- 理解与掌握智能语音典型应用的基础知识。

## 一、智能家居

在智能家居领域，智能语音通过与智能电视、智能音箱、智能照明等智能终端，以及智能家居控制中枢系统相结合，并利用语音交互技术实现对所有智能家用设备的控制，从而打破单一家用产品的智能化，构建智能家居生态。伴随语音交互、对话式交互技术的发展，用户只需向智能家居中枢系统发出指令，再由智能家居中枢系统通过语音语义识别，将自然指令转化为机器语言，向各智能终端设备发出服务信号。未来，智能语音技术的发展将推动智能语音在智能家居领域的应用逐渐加深。

## 二、智能医疗

智能语音在医疗行业的应用主要体现在两个方面：①利用智能语音技术实现病人电子病历与临床报告语音录入与转写，建立语音电子病历。语音电子病历的应用帮助医生在诊疗过程中实时完成病历编写，在提高医生的工作效率与工作质量的同时，患者可以通过语音电子病历系统下载完整的诊疗过程和病历；②伴随语音病历的积累，医院可以利用大数据技术和深度学习技术挖掘医学案例和语音资料的价值，利用智能语音技术实现辅助治疗。

## 三、车载语音

智能语音在汽车领域的应用较普遍，当用户在驾车行驶过程中活动受限时，语音交互将成为车载场景中最适合的交互方式。在车载场景中，智能车载产品的主要任务包括导航路线规划、语音接听电话、信息听写、音乐搜索与播放等。智能车载场景中更多服务类型的开发有赖于智能语音技术的发展，未来有社交、餐饮、娱乐等方向。当前，许多智能语音企业专注于研发智能车载场景的产品和服务，如蓦然认知自主研发的对话式车机 OS、对话应用、智能语音座舱等。智能语音车载产品的应用可以在保障行车安全的前提下提升驾乘体验，为构建成熟的智能车联网系统做准备。

### 四、智能教育

智能语音在教育领域的应用主要围绕教育体系中“学、练、测、评”等核心需求，搭建“平台＋内容＋终端＋应用”的完整教育教学生态体系，促进教育产业的信息化发展。近年来，政府将教育信息化作为促进教育公平和推进教育现代化的有效手段，并且将教育信息化上升为国家战略，相关支持政策陆续出台。基于政策的支持和智能语音技术的发展，智能语音在教育领域的应用逐渐深入，结合智能语音的智能教育产品逐渐落地，其中包括智能课堂、互动教学工具、教学质量测评与分析工具、资源平台等产品。

### 五、智能客服

智能语音在客户服务领域的应用日渐深入，主要形式包括语音问答、语音质检、语料挖掘、隐私保护等。相较于传统客服，智能客服的引入和应用将有效降低企业成本，智能问答、语音质检等服务减少人工客服座席数量及员工培训成本。同时，智能客服可以确保服务的标准化输出，且实现 24 小时全天候在线服务。此外，智能客服的应用将最大程度上保障客户隐私，隐藏客户的真实身份。因此，基于成本及服务标准化等方面的要求，企业对于智能客服的需求将逐渐增加，智能语音在客户服务领域的应用将会越来越广泛。

## 第六节　智能语音职业发展

结合智能语音相关技术的基础与相关应用，本节介绍智能语音的市场现状、未来发展趋势和职业需求。

**考核知识点及能力要求：**

- 熟悉智能语音主流平台；
- 熟悉智能语音发展趋势的认知与展望；
- 掌握智能语音职业发展要求。

## 一、智能语音市场现状

### （一）国外主要智能语音平台

谷歌：谷歌收购语音通信技术公司 SayNow、语音合成技术 Phonetic Arts 和 SR Tech Group 后，获得了多项智能语音处理相关的专利。谷歌在 2016 年公开了谷歌语音搜索和语音输入的支持技术（语音识别 API），其涵盖 80 多种语言，具备各种实时语音识别与翻译功能。2017 年，谷歌发布了用于语音交互的 Actions on Google 平台，该平台可支持所有谷歌语音助手支持的平台，已在搜索、地图、智能家居、机器人等产品或服务中应用，涉及游戏娱乐、社交沟通、商务办公等多个方面。目前，全球已有 5 亿台以上智能设备接入谷歌语音助手，包括但不限于智能手机、汽车与智能家庭设备等产品。Capvision 统计数据显示，谷歌占有全球智能语音市场份额的 28.4%，广泛存在于 80 多个国家与地区，位居全球第二。

微软：微软在开办微软研究院时就已开始在语音和语言的研究上投入大量的人力物力。过去几年中，微软首先在语音识别领域取得突破：在 2016 年，其语音识别结果已达到与人工类似的准确度。而 2018 年，在中英互译方面，其机器翻译的质量已经完全可以媲美专业翻译人员。让机器和专业翻译人员翻译相同句子，并请懂双语的老师和学生在翻译后用 0 ~ 100 分评价翻译结果，结果是，微软的 Human Parity 机器翻译系统的翻译水平已经接近甚至超过专业人员。这项突破应用了一些新技术，例如以用大量无标注数据优化现有的翻译系统为核心的对偶学习，先得到一个初始翻译，再利用另一网络进行二次修正，同时采用多系统融合技术，最终取得了这一突破性的结果。

苹果：Siri 是苹果公司在 iPhone、iPad、iPod Touch、HomePod 等产品上应用的一个语音助手。生活中用户能够使用 Siri 的文字输入、声控等功能，来搜索获得餐厅、电影院等场所信息，包括查阅相关评论，乃至直接订位、订票。另外，其具有根据用

户默认的居家地址或是当前位置来判断、筛选搜寻结果的强大适应性，进一步增强了其服务能力。人机的互动方面则是它的最大特色，Siri 具备十分生动的对话接口与系统，其能够针对用户的问题进行回答，实际应用中通常不会答非所问，有时更是给人一种耳目一新的感觉。

### （二）国内专业智能语音公司

科大讯飞：科大讯飞在语音识别、语音合成、口语评测、自然语言处理等方面的多项技术居于国际领先地位，其产品占中文语音识别服务市场总份额的 70%，在专业应用领域更是能够占到 80%。科大讯飞持续推进“平台 + 赛道”的人工智能战略，积极围绕人工智能开放平台构建产业生态，推出国内首个人工智能开放平台，聚焦智能语音和人机交互，为广大创业开发者和海量用户提供面向移动互联网、智能硬件的人工智能设计与开发服务。而在“赛道”方面，科大讯飞在政法、教育、智能汽车等各个领域抓住垂直入口或行业刚需，达成规模化应用落地。

思必驰：思必驰公司在语音识别、声纹识别、语义理解、对话管理、音频分析等方面积累了丰富的技术经验，成为极少有的在国内拥有全套语音类知识产权，在国际上拥有中英文综合语音技术和自主产权的公司。2017 年 9 月，思必驰发布了 DUI 语音交互开放平台，推出了由语音及相关技术整合而成的 AIOS 人机对话操作系统，其具有不同版本以对接不同场景，而面向家居、车载、机器人等产品能够实现垂直领域下的对话式交互。该平台为硬件合作伙伴提供了 Android 系统之上的一层标准接口，以支持快捷自定义开发并提供完整的智能对话交互方案，以期构建开放的产业生态圈。在产业生态构建方面，思必驰主要面向家居、车载、机器人等垂直领域，基于自身技术优势为互联网企业以及智能硬件企业提供语音交互技术服务和解决方案。

声智科技：声智科技于 2016 年 5 月成立，在远场智能交互系统提供商中处在全球领先地位。该公司主要服务于智能家居、智能会议、智能汽车、智能交通、智能医疗、智能教育、智能金融、智能安防、智能法院和机器人等行业领域，为客户提供相关的智能网关 / 机顶盒、智能电视、智能手机、智能车机、智能玩具等产品或技术与应用解决方案，也提供麦克风阵列芯片与模组等有关产品。

声智科技基于产业生态旨为互联网企业和智能硬件等客户提供应用解决方案，并且推出AZERO远程智能交互平台，应用自身远场智能交互技术对接相关智能终端产品，实现客户端的功能多样化和服务智能化。

蓦然认知：蓦然认知是以认知计算、自然语言理解技术为核心的人工智能公司，主要对外提供信号处理、语音、语义、云端服务等自动对接的一站式智能交互解决方案，为智能硬件的使用提供技术支撑，基于用户的使用习惯提供针对性服务，以提升人与机器的交互效率。蓦然认知的技术团队以语义理解、学习系统、对话系统、语言生成、语音合成、自动服务对接、远场降噪、语音识别、声纹识别、唤醒+离线命令词等为核心，设计出能够解放用户双手的交互系统，其对话应用、对话式车机OS、智能语音座舱等核心产品主要应用于智能车载、智能家居、智能客服三大领域。

云知声：云知声作为智能语音识别服务商，依托语音技术、语言技术、大数据分析、知识计算等企业核心技术体系，聚焦于提供物联网人工智能服务。

## 二、智能语音未来趋势

### （一）市场需求扩大，产业规模扩展

随着5G通信技术的出现，其高速率、大带宽、高可靠、低时延、海量连接的特性助力了“万物互联”时代的建设，智能语音在更多应用场景的落地被大大加快。依托5G通信技术带来的更大的数据量和更有利的数据环境，语音识别与语义理解拥有了更广阔的发展空间，能够横向衍生出更丰富的功能和产品。智能手机、平板电脑等移动智能终端均已普及智能语音的应用，使用智能语音的移动互联网用户正快速增多。此外，智能语音技术和产品的应用在电信、金融、医疗、教育、轨道交通等垂直领域也在快速发展，正在完成从辅助技术手段向关键应用的转化。同时，消费者受到语音交互的普及、智能音箱等单品的爆发以及智能平台的崛起等因素的影响，并参考智能家居产品可用性的明显提升，倾向于购买更多智能家居产品，未来全球智能家居市场将保持快速增长态势。随着人工智能技术和行业的快速发展，智能语音已经成为智能家居产品的重要部分。

### （二）科技公司布局，应用前景广泛

随着智能语音产业规模持续快速增长，各大科技公司纷纷布局智能语音相关产

业。关于语音生态，百度宣布全面开放语音识别技术和能力，腾讯、搜狗语音开放平台相继上线，各大企业对家居、车载、可穿戴等产业在智能语音技术应用领域的重视程度明显提升。如智能家居方面，百度推出了 Baiduihome，阿里打造了天猫魔盒，搜狗上线了魅族电视盒子；在智能车载领域，百度开发了手机智能互联产品 Carlife、私有云服务平台 MyCar 和智能行车助手 CoDriver，阿里云发布了车载操作系统，腾讯推出了路宝 App+ 路宝盒子，搜狗实现了飞歌导航；在可穿戴领域，百度推出了 Inside 智能硬件平台、基于健康云的 Dulife 智能健康平台，小米华为推出了智能手环、智能手表系列产品。

## 三、智能语音职业需求

智能语音算法工程师需要具备四类能力，包括知识体系、工程能力、业务能力、行业思维。

### （一）知识体系

知识体系包括通识基础和领域知识，通识基础包括微积分、概率论与数理统计、矩阵理论、机器学习等基础学科知识，领域知识指语音识别涉及的专业知识和专业研发工具，如信号处理理论、隐马尔可夫原理、编码器 – 解码器。

### （二）工程能力

#### 1. 在研发工具使用方面

在研发工具使用方面，包括编程语言和框架的使用和修改，编程语言包括 C/C++、Java、Python 等，框架包括 TensorFlow、Torch、Mindspore、PaddlePaddle 等。

#### 2. 在工程实践积累方面

在工程实践积累方面，包括算法复杂度是否能被接受、数据预处理是否合理、代码风格是否规范、文档是否齐全、数据和训练结果能否方便可视化、设计模式的选用是否影响代码可读性和扩展性，等等。

### （三）业务能力

业务能力是指智能语音算法工程师处理好项目相关任务所需要的业务理解能力以及项目开发能力。

**1. 业务理解能力**

智能语音算法工程师应当能够准确抓住用户需求，按用户需求开发出适用产品。目前用户对人工智能产品落地效果期望值普遍较高，尤其智能语音应用场景往往涉及大量的人机交互，用户体验尤为关键，好的智能语音产品要求工程师能够充分考虑场景特点，站在用户的角度思考问题。

**2. 项目开发能力**

项目开发能力主要包括开发流程规范、方案设计等方面。开发流程规范要求项目在需求讨论和技术评审、开发、测试、部署、维护等环节合理开展；方案设计要求方案成熟、稳定、可扩展，同时在监控报警机制等方面要完善合理。

**（四）行业思维**

智能语音算法工程师作为开发人员，不仅要具备基本的算法开发、落地能力，也要面向市场、面向产品，了解行业背景、行业发展态势，只有把握好一个行业的脉搏与方向，才能真正理解用户，做好产品。

在这个层面，智能语音算法工程师要不断了解语音识别技术发展趋势、产品生态、同业竞争、用户喜好、商业模式等，只有这样才能具备更高水平的竞争力。

## 思考题

1. 自然语言处理的主要任务有哪些？有哪些应用场景？
2. 深度学习相关算法在自然语言处理中如何使用？
3. 智能语音处理涉及哪些技术？有哪些应用场景？
4. 自然语言处理与智能语音技术的关系是什么？有哪些区别？
5. 自然语言处理与智能语音技术在不同场景中如何协同发挥作用？

# 第二章
# 智能语音需求分析

智能语音是实现人机交互通信的技术，包括语音识别、语义理解和语音合成等技术。智能语音是当前人工智能落地较早的使能技术之一，也是市场上众多人工智能产品中较为广泛应用的技术之一。近年来，中国智能语音的需求逐渐爆发，相关产品及服务包括智能音箱、智能车载、智能硬件和互联网增值服务等。需求分析是智能语音产品研发前期的铺垫工作，也是重要的基础工作之一。需求分析工作中存在的缺陷将给项目成果带来极大风险。在推出产品时，体现在质量、功能、场景等方面对用户满意度和期望值的影响。

本章第一节将首先介绍智能语音技术体系的基本架构和主要技术规范，从基础层、技术层和应用层三个层面剖析智能语音技术体系的基本架构，并介绍国家标准《智能终端语音交互技术规范》。第二节将介绍智能语音算法的基本框架，并简要介绍智能语音算法的基本框架与部署的基本方法，从实际应用层面对智能语音算法进行需求分析。第三节将介绍智能语音场景需求设计分析和需求文档的撰写规范，让读者对智能语音产品的需求文档编写有初步了解。

- **职业功能：** 智能语音需求分析。
- **工作内容：** 需求获取、系统规划、数据建模、功能设计、界面设计、编写说明书和需求变更。分析师需要基于对智能语音产品的理解，扮演软件研发和客户之间桥梁的角色，要对客户的信息化需求进行详细的分析。

- **专业能力要求：**能明确智能语音应用工具或产品的主要服务对象；能根据智能语音应用场景进行基本需求分析；能根据不同用户对智能语音应用工具或产品的使用习惯进行需求分析。
- **相关知识要求：**语音识别、语音合成、自然语言处理基础知识；智能语音应用工具或产品的工作原理；智能语音应用工具或产品的操作方法。

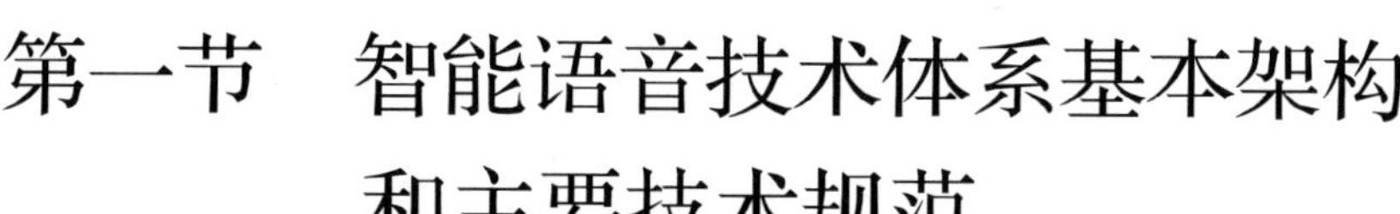

# 第一节　智能语音技术体系基本架构和主要技术规范

**考核知识点及能力要求：**

- 了解智能语音技术架构的基础层；
- 了解智能语音技术架构的技术层；
- 了解智能语音技术架构的应用层；
- 了解智能语音技术的主要技术规范。

## 一、智能语音技术的基本架构

智能语音是一种以语音信号识别为基础，搭配自然语言处理和对话管理技术，将语言输入信息进行提取、分析，最终通过语音合成或文字等方式输出并完成响应的自然语言人机交互技术。目前被广泛应用于教育教学、医疗健康、公共服务、生活消费等领域中的人机交互场景，可以有效降低企业运营成本，提升业务处理效率。智能语音的基本技术架构包括基础层、技术层和应用层。

### （一）基础层

基础层的主要作用是为智能语音技术的应用提供海量数据以及硬件支持，其中硬件是指智能芯片以及硬件基础设施。

**1. 数据资源**

智能语音技术目前在智能手机、智能家居、智能车载等大量终端得到应用。当前主流的深度学习方式是以有监督学习为主。在这些应用实现的背后，需要使用大量数据对深度学习模型进行训练，所以基础层需要提供海量的数据资源供深度学习模型使用。

**2. 人工智能芯片**

人工智能芯片（简称 AI 芯片）是指专门设计出的用于处理深度学习领域大量计算任务的芯片。人工智能芯片可以提升智能语音设备的性能，从而加快智能语音技术商业化的速度。2010 年至今，不同功能和定位的芯片均开始被研发用于深度学习算法，主要包括中央处理器（CPU）、图形处理器（GPU）、现场可编程逻辑门阵列（FPGA）和专用集成电路（ASIC）等。

**3. 硬件基础设施**

硬件基础设施是指为智能语音技术的商用服务提供计算、存储、通信支持的相关设施。硬件基础设施包括用于大规模并行计算的 GPU 服务器、存储服务器、相关通信基站以及终端设备等。

**（二）技术层**

技术层面上，智能语音技术包含语音信号处理、自然语言处理、对话管理和语音合成等。

**1. 语音信号处理**

语音信号处理属于跨学科研究领域，它涉及语言学、数字信号处理、模式识别、机器学习等多项研究领域。语言是人类交换信息的重要途径，因此语音信号处理技术占有很重要的地位，并且有着很广阔的商用前景。语音信号处理技术包括语音识别、声源定位、噪声抑制、声纹识别和声学事件检测等。

**2. 自然语言处理**

自然语言处理是指让计算机接受用户自然语言形式的输入，并在内部通过算法进行加工、计算等一系列操作，以模拟人类对自然语言的理解，并返回用户所期望的结果。自然语言处理的目的在于用计算机代替人工处理大规模的自然语言信息，是计算机科学与语言学的交叉学科，也是人工智能的重要方向。自然语言处理技术包括词法分析、语义分析、情感分析、句法分析、观点提取、自然语言理解、自然语言生成和文本挖掘等。

**3. 对话管理**

对话管理（dialog management，DM）控制着人机对话的过程，对话管理可以根据多轮对话的历史信息决定当前输出。比如在某些客户预订系统中，用户需求较为复杂，有很多限制条件，需要经过多轮对话才能了解用户的具体需求。机器则需要理解每轮对话的内容，并根据历史信息，通过询问、澄清或确认来帮助用户找到满意的结果。其任务主要包括对话状态维护、系统决策生成、语义期望表达和动作候选排序等。

**4. 语音合成**

语音合成，又称文语转换（text to speech）技术，是指将文字信息转换成语音信息的技术，它也同样属于跨学科研究领域，需要解决的主要问题包括声纹模拟、波形生成、文字转语音和重音标注等。

**（三）应用层**

智能语音技术目前的应用场景非常广泛，涵盖移动终端、教育、医疗、金融、汽车等各种传统行业与新型行业，苹果 Siri、小米小爱、华为小艺等语音智能助手是智能语音技术的重要应用场景。除此之外，智能语音技术还在车载设备、服务机器人、智能交互音箱等场景得到广泛应用。目前，智能语音产业方兴未艾，大量资本的涌入进一步推动智能语音在更多其他的应用场景实现落地，使得行业的发展更加迅速，智能语音也逐步走入人们的日常生活，在各种场景下给人们带来便利。

## 二、智能语音技术的主要技术规范

随着智能语音技术的不断成熟，语音交互已经成为大部分智能终端产品不可或缺的关键功能。利用语音合成、语音识别、语义理解等关键智能语音技术，可以在智能终端产品中实现各种不同的功能，如在手机中使用语音识别技术拨打电话、编辑短信、设置提醒等。还可以使用相关技术实现信息类业务的搜索与查询，如查询航班、搜索酒店、搜索美食等。同时，随着智能家居的兴起，语音交互也成为智能家居控制的理想方式。通过语音交互的方式可以大大降低人机交互的门槛，提高操作的方便程度，使智能家居的价值得到进一步的提升。

但智能语音技术的落地涉及产业链上各种技术厂商，如语义理解技术厂商、语音识别技术厂商、智能终端系统平台厂商、智能终端芯片提供厂商、智能应用开发厂商、通信服务厂商等。

为了使相关技术环节得到有效的规范，科大讯飞股份有限公司、中国电子技术标准化研究院、中国移动研究院以及中兴通讯四个单位在2015年联合起草了国家标准《智能终端语音交互技术规范》。该标准规范了智能终端语音交互系统的术语定义、交互技术、交互流程、技术参数、接口定义、测试标准、测试方法、测试规则、测试用例选择、测试结果评价方法等内容。

# 第二节　智能语音算法的基本框架与部署的基本方法

**考核知识点及能力要求：**

- 了解实现智能语音算法的基本框架；
- 了解智能语音算法部署的基本方法。

对智能语音产品进行需求分析后，需要根据不同的需求选择不同的算法基本框架以及部署方式，因此读者有必要了解与智能语音算法相关的基本框架以及部署的基本方法和流程。以下将对上述知识进行初步介绍。

## 一、智能语音算法的基本框架

智能语音算法是智能信息处理领域的一个重要研究方向，与智能信息处理相关的

方法、模型、技术等均可被用于智能语音算法。当前，主流应用中智能语音算法的基本模型和技术与人工智能技术密切相关，机器学习作为人工智能的重要领域，是目前智能语音处理中最常用的手段，而以多层神经网络模型为代表的深度学习则是智能语音算法中目前最为成功的智能处理技术。所以智能语音算法用到的框架基本来源于深度学习领域，当前比较热门的深度学习框架包括国外的 TensorFlow、PyTorch 和国内的 MindSpore、PaddlePaddle 等。除了以上的深度学习框架以外，还有一些专门面向智能语音算法的框架，如 WeNet，下面将会对以上提到的基本框架进行初步介绍。

### （一）TensorFlow

2015 年 11 月 9 日，谷歌推出了全新的开源深度学习框架 TensorFlow。TensorFlow 最初是由谷歌大脑团队开发的，用于各种感知和语言理解任务的机器学习。谷歌大部分应用程序如 Google 语音、Google 地图等都使用 TensorFlow 来实现机器学习。

TensorFlow 是用于机器学习的端到端开源平台。它拥有一个由工具、库和社区资源组成的全面、灵活的生态系统，让研究人员能够推动机器学习最新技术的发展，开发人员可以轻松构建和部署 ML 驱动的应用程序。

TensorFlow 编程接口支持 Python 和 C++。1.0 版本公布后，又可支持 Java、Go、R 和 Haskell API 的 Alpha 版本。此外，TensorFlow 可在 Google 云和 AWS 中运行。TensorFlow 还支持 Windows 7、Windows 10 和 Windows Server 2016。

### （二）PyTorch

PyTorch 是一个开源的 Python 机器学习库，基于 Torch，底层由 C++ 实现，应用于人工智能领域。它主要由 Meta 的人工智能研究团队开发，并且被用于 Uber 的概率编程软件 Pyro。 PyTorch 主要有两大特征：类似于 NumPy 的张量计算，可使用 GPU 加速；带自动微分系统的深度神经网络。

### （三）MindSpore

MindSpore 是华为开发的一个开源的全场景深度学习框架，旨在实现易开发、高效执行、全场景覆盖三大目标。MindSpore 的优势包括：开发体验简单，可以实现网络的自动切分，只需要串行表达就能实现并行训练，开发的流程得到很大的简化，降低了初学者的上手门槛；调试模式也相对灵活，支持训练过程的静态执行和动态调试，开发者可利用灵活的调试模式快速定位问题，使开发过程变得简单；匹配昇腾处理器，可以最大程度地发挥硬件潜能，提升训练和推理的速度，优化用户体验；支持云、边缘和手机上的快速部署，可以更好地实现资源利用以及保护用户隐私数据，让开发者能专注于人工智能应用的创造。

#### （四）PaddlePaddle

PaddlePaddle 是百度研发的一款产业级深度学习开源开放平台，它集深度学习核心框架、基础模型库、端到端开发套件、工具组件和服务平台于一体，助力产业智能化，致力于让深度学习技术的创新与应用更简单。PaddlePaddle 包含以下四大领先技术：产业级深度学习框架、超大规模深度学习模型训练、多段多平台部署的高性能推理引擎、开源开放覆盖多领域的工业级模型库。PaddlePaddle 提供了低代码开发的高层 API，并且高层 API 和基础 API 采用了一体化设计，两者可以互相配合使用，做到高低融合，确保用户可以同时享受开发的便捷性和灵活性。

#### （五）WeNet

WeNet 是出门问问语音团队联合西工大语音实验室开发的一款面向工业落地应用的开源语音识别工具包，该工具为语音识别算法的训练与部署提供了一套简洁有效的方案。WeNet 的主要目的是缩小研究和部署端到端语音识别模型之间的差距，减少部署端到端模型的工作量，并探索更好的语音识别模型。WeNet 借鉴了 OpenTransformer、EspNet 等优秀的语音智能算法框架的设计经验，为语音智能算法提供一套易部署、高性能的解决方案。WeNet 易于安装、易于使用、设计良好且文档齐全，并在很多公共语音数据集上都取得了令人满意的结果。

## 二、了解智能语音算法部署的基本方法

以移动端部署为例，智能语音算法的部署主要有两种方式：在线（online）和离线（offline）。

在线方式比较简单，在移动端对输入数据进行初步预处理，然后把数据传到服务器进行预测，之后将结果返回移动端，使用现成的深度学习框架做封装就可以直接使用。但缺点也很明显，在线方式必须使用网络，且效果受到网速影响，不适合用于实

时性较高的应用。

离线方式则是将训练好的模型直接部署到移动端硬件，优点是不需要使用网络，保护用户隐私。缺点是非常依赖硬件的性能，由于移动端硬件的 CPU 和 GPU 性能有限，无法直接部署较大的智能语音算法模型，需要有针对性地对模型进行优化与压缩。现有的深度学习模型压缩方法可以分为压缩参数和压缩结构两大类。

当前很多互联网公司都推出了自己的移动端深度学习框架，但基本都只支持前向推理。这些框架都是离线方式，可以确保用户数据的私密性，不用依赖于网络连接。移动端深度学习框架包括 Caffe2、Core ML、MACE、MDL 和 MindSpore-Lite 等，读者可进一步查阅以上框架的参考资料进行学习。

# 第三节　智能语音场景需求设计分析与文档规范

**考核知识点及能力要求：**

- 了解当前我国智能语音技术的发展与机遇；
- 了解智能语音技术典型应用场景分析；
- 熟悉智能语音产品服务需求文档的撰写规范。

## 一、当前我国智能语音技术的发展与机遇

当前我国智能语音技术已步入高速发展阶段，随着自然语言处理技术的发展以及其他相关技术的不断成熟，智能语音技术已进入成熟期，正处于大规模商用阶段，未来将

会有大量领域应用智能语音技术。除了支撑技术的成熟，人工智能利好政策也推动了智能语音技术的发展，加快其大规模商用速度，使智能语音技术相关产业链逐步形成。

技术成熟及政策扶持使得大量企业进入智能语音行业展开竞争，资本的涌入激活了产业，使智能语音相关技术的发展更加迅速。德勤 2021 年发布的报告指出，我国智能语音技术 2030 年消费级应用场景预计超过 710 亿元，企业级场景将达到 740 亿元的规模。

## 二、智能语音技术典型应用场景需求设计分析

智能语音技术的典型应用场景包括车载语音场景、金融语音场景、智慧教育语音场景、智慧医疗语音场景。

### （一）车载语音场景

随着互联网通信技术和智能交通技术的飞速发展，汽车逐渐成为整合各种信息源的载体。车联网的快速发展和应用的广泛普及，推动了智能语音通信的发展，使其准确性、响应速度和便利性都有了很大的提高。与此同时，中国的消费者对车载智能语音技术的接受度也在不断提高，消费者正逐步适应并接受车载语音交互的驾车体验。可以预见的是，智能驾驶将成为汽车行业未来的发展趋势，而智能语音交互也会成为人车交互场景中最重要的组成部分。用户可以通过车载语音交互系统实现辅助驾驶、车辆控制、信息获取等多个功能。

### （二）金融语音场景

金融行业也是未来智能语音技术商用落地的重要方向。目前，传统金融机构都在大力推动语音客服、语音识别、身份认证等相关技术的应用。由于智能语音能有效地解决金融行业的痛点，因此商用价值巨大，市场发展迅速。现阶段，人工智能技术在金融行业主要用于辅助决策，替代简单重复环节的人工投入。目前金融行业的智能语音解决方案都较为简单，仍有很大的探索前景。

### （三）智慧教育语音场景

智慧教育是信息化教育的发展趋势，它依托“互联网+”，打造智能高效的学习环境，推动教学改革。为积极推动“互联网+教育”的普及，教育部及国家标准化管理委员会先后出台了推进智慧教育的政策和标准。《教育信息化 2.0 行动计划》中提到，

希望到 2022 年教学应用基本覆盖全体教师和适龄学生，数字化校园建设覆盖所有学校。智能语音在教育领域的应用场景包括：

- 语音识别快速添加课堂字幕：使用语音识别技术快速识别教师讲课内容，并将教师讲课内容转换成文本字幕，可应用于直播课或互动课堂等。
- 语音算法监控课堂情况：利用智能语音算法并结合计算机视觉等其他深度学习算法，实现自动监控课堂上教师与学生的互动情况，确保教学质量。
- 构建人机交互学习系统：结合智能语音算法与自然语言处理相关算法，设计英语口语交互系统或语音出题系统等，使教学模式多样化。

#### （四）智慧医疗语音场景

智慧医疗是智能语音技术在民生领域重要的应用。以“电子病历”为核心的信息化建设相关优惠政策密集出台，顶层结构逐步完善。电子病历、智慧服务、智慧管理“三位一体”，使我国智慧医疗建设发展得如火如荼，不断向好。智能语音技术在医疗健康领域的主要应用场景包括：门诊语音录入病历、导诊机器人、住院工作站系统、临床决策支持系统等。

## 三、智能语音产品服务需求文档的撰写规范

### （一）需求文档的定义

产品需求文档是产品经理对产品方案的初步构思，主要用于产品开发过程中的研发沟通、设计、测试等工作。目的是让开发者知道如何按照产品经理的思路针对需求编写代码，让用户界面（UI）设计师知道需要输出哪些用户界面设计稿，让测试人员知道哪些测试点需要包含在测试用例中。

### （二）需求文档的撰写规范

需求文档的撰写应该充分考虑以下五个层面：战略层、范围层、结构层、框架层以及表现层。

#### 1. 战略层

从战略层的高度撰写需求文档时要从宏观层面考虑用户需求并确定产品目标，充分调研，了解需求背景以及用户需求。后续的需求文档撰写都要在战略层的大前提下

进行考虑，这相当于给产品定下一个基调，可以引导读者更清晰地了解整个需求文档。

**2. 范围层**

范围层应该包含产品的功能规格以及内容需求、产品包含的模块，以及各个模块下面需要实现的子功能。在范围层设计需求文档时可以将各个子功能的优先级用 Excel 画出来，将整个需求拆分，便于后续的工作。

**3. 结构层**

结构层包含产品的交互设计以及信息架构。在范围层把需求拆分后，在结构层再把各个模块以及对应的功能用流程图或者思维导图连接起来，让读者能了解整个功能流程。

**4. 框架层**

在结构层将需求分拆模块，在框架层梳理整体流程，相信这时候读者已经对需求有了清晰的思路。在框架层主要对每个模块或页面的逻辑、布局做详细阐述。

**5. 表现层**

表现层主要包括一些视觉、听觉、触觉的设计内容，在这一层设计用户需求文档需要做一些高保真的设计，优化用户体验。

## 思考题

1. 什么是智能语音技术？智能语音技术的基本架构包括哪些？
2. 智能语音算法的基本框架有哪些？请分析它们的异同以及各自的优劣势。
3. 智能语音算法的训练和推理包含哪些流程？其中最关键的步骤是什么？
4. 语音智能算法的部署有哪两种方式？二者有何区别？
5. 列出智能语音技术的部分典型应用场景并对未来潜在的应用场景进行预测。

# 第三章 智能语音系统设计开发

智能语音系统设计开发需要软件设计师对智能语音工程实践项目进行软件系统分析和设计，最终形成智能语音系统的概念原型。智能语音系统设计开发是把需求转化为智能语音系统的重要环节，一般会包含以下几大部分：体系结构设计、界面设计、数据结构和算法设计、数据库设计、接口设计、安全设计等。系统设计的优劣在根本上决定了所开发的智能语音系统的质量。

- **职业功能：**智能语音系统设计开发。
- **工作内容：**根据智能语音软件开发项目管理和软件工程的要求，按照智能语音系统总体设计规格说明书进行软件设计，编写程序设计规格说明书等相应的文档。另外还需要组织和指导程序员编写、调试程序，并对智能语音软件进行优化和集成测试，开发出符合智能语音系统总体设计要求的高质量软件。
- **专业能力要求：**能进行语音识别、语音合成、自然语言处理、深度学习等基本算法研究，设计开发智能语音方向的专业工具；能对特定的应用场景使用合适的语音识别、合成算法模型；能进行智能语音引擎接口开发及技术文档编写。
- **相关知识要求：**语音信号处理、语音识别、语音合成基础算法知识；数据结构与算法基础知识；深度学习语音识别常用模型。

在本章第一节将首先介绍智能语音技术发展历史，介绍智能语音的现有以及未来可能的应用场景，并介绍现有国家发布的智能语音技术相关标准、规范。在第二节中对现有主流智能语音所使用的深度学习框架 PyTorch 进行简要介绍，并就深度学习模型神经网络的搭建、损失函数的设计、损失回传等多个深度学习模块进行讲解并提供相关示例代码。而后对 PyTorch 处理音频的库 TorchAudio 进行 API 介绍并提供相关示例。最后在第三节将现有业界主流端到端的语音识别框架进行介绍并提供实例代码供读者实践参考。

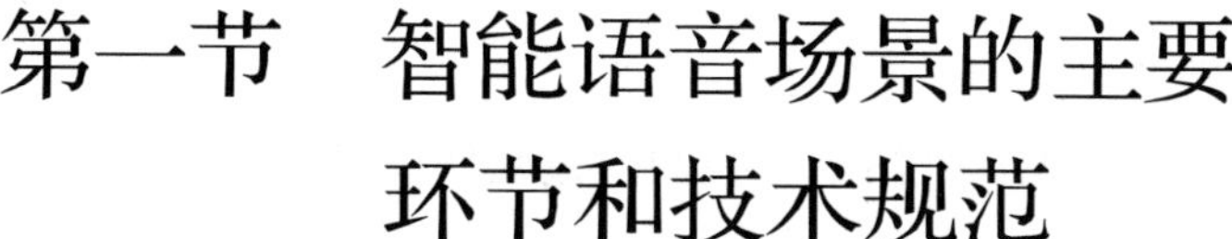

# 第一节　智能语音场景的主要环节和技术规范

**考核知识点及能力要求：**

- 了解智能语音相关技术及发展史；
- 了解智能语音的应用场景；
- 熟悉智能语音技术相关规范。

## 一、智能语音场景的主要环节

### （一）智能语音相关技术及发展史

#### 1. 智能语音的支撑技术

智能语音技术是利用相关算法对语音的语义信息进行识别、理解、合成，使得计算机拥有对语音信息处理能力的技术。智能语音技术涉及多种类型的技术、学科知识，包括语音识别、语音合成、声纹识别、自然语言处理、语音去噪等。

（1）语音识别。拥有识别、处理语音信息能力的计算机系统被称为语音识别系统，它能利用一系列的计算机硬件、软件技术来识别并处理语音信息。

（2）语音合成。语音合成是语音经机器合成后的产物，拥有这一能力的计算机系统被称为语音计算机。通常我们所说的语音合成系统是将文本信息转化为语音信号，而其他有些系统则是把音标转化为语音信号。

（3）声纹识别。声纹识别是一种通过声音信息来判断声源身份的语音技术。虽然声纹识别不如人脸识别、指纹识别、瞳孔识别那样精确与可靠，但由于每个人的声道、声带等具有一定的个体差异性，因此声音也能够作为身份辨识的信息源。

（4）自然语言处理。自然语言处理是所有支持机器理解文本的方法、范式、模型、任务的总称，对中文的自然语言处理包括中文分词、词性标注、实体识别、句法分析、自动文本分类等技术。

（5）语音去噪。在现实生活中，我们通过硬件设备所得到的语音信号会夹杂着各种背景噪声，为了尽可能地排除这些噪声所带来的干扰，我们可以利用语音去噪技术提取出较纯净的语音信号。

**2. 智能语音技术的发展简史**

20 世纪 60 年代，科学家们开始寻求一种能处理人类语音的自动化机器，智能语音技术的具体发展历程见表 3–1。

**表 3–1　智能语音技术的发展简史**

| 年代 | 发展进程 |
|---|---|
| 20 世纪 60 年代 | 提出动态时间规划（DP）和线性预测分析技术（LPC） |
| 20 世纪 70 年代 | 在理论上，LP 技术得到进一步发展，动态时间归正技术（DTW）基本成熟，提出矢量量化（VQ）和隐马尔可夫模型（HMM）理论。在实践上，实现了基于线性预测倒谱和 DTW 技术的特定人孤立语音识别系统 |
| 20 世纪 80 年代 | MFCC 的参数提取技术和 HMM 模型的深入使用使得语音识别技术得到进一步的发展，语音识别的问题逐步在理论体系完善的基础上得到了比较完整和准确的描述，同时在实践上又逐步研发出效率较高的解决算法 |
| 20 世纪 90 年代 | 语音识别技术进一步成熟，并开始向市场提供产品。许多发达国家以及 IBM、苹果、AT&T、微软等公司都为语音识别系统的实用化开发研究投以巨资。同时中文语音识别也越来越受到重视。IBM 开发的 ViaVoice 和微软开发的中文识别引擎都具有相当高的汉语语音识别水平 |
| 21 世纪初 | 基于语音识别芯片的嵌入式产品也越来越多，如 Sensory 公司的 RSC 系列语音识别芯片，Infineon 公司的 Unispeech、Unilite 语音芯片等，这些芯片在嵌入式硬件开发中得到了广泛的应用。在软件上，目前比较成功的语音识别软件有 Nuance、IBM 的 ViaVoice 和微软的 SAPI 以及开源软件 HTK |

续表

| 年代 | 发展进程 |
| --- | --- |
| 2011 年 | 微软研究院提出的基于上下文相关深度神经网络和 HMM 模型的声学模型在大词汇量连续语音识别任务上获得了显著的性能提升，从此大量研究人员开始转向深度学习在智能语音领域的研究 |
| 2016 年 | 机器语音识别准确率第一次类比人类水平，意味着智能语音技术的落地期到来 |

### （二）智能语音的应用场景

随着信息技术的发展，智能语音技术成为当下人们日常获取信息、沟通交流的一个极为方便、有效的手段。智能语音技术由于其高灵敏度、高效率等优点，被应用到了手机移动端、车载系统、智能家居、机器人客服等现实场景。

#### 1. 手机移动端应用场景

智能语音在手机移动端有诸多应用，比如智能语音助手、语音输入法、语音日常提醒等，其中较有代表性的是智能语音助手。智能语音助手能够与用户进行交互式的沟通，用一种实时回答的交互来处理用户的请求。苹果公司的 Siri 开创了智能语音助手的先河，而后各大公司也相继推出了类似功能的智能语音助手，如微软的小娜、小米的小爱同学等。

#### 2. 车载系统应用场景

作为被连接的核心硬件之一，汽车领域语音交互平台也在不断发展。相比于手机移动端的智能语音应用，智能车载系统的导航和多媒体的使用更为便利。例如常用的导航功能，用户可以说出目的地，智能语音系统识别目的地文字信息并使用导航软件规划出路线；再如使用频率较高的多媒体娱乐功能，智能语音系统可以根据歌曲名来找到相应的歌曲并播放。更重要的是，智能语音系统对于用户来说学习成本几乎为零，一个没有接触过智能语音系统的用户能够快速上手相关应用。

#### 3. 智能家居应用场景

智能硬件利用软硬件对传统的设备进行改造，使得后者具备一定的智能功能。

近年来语音识别技术的飞速发展，使得智能语音技术开始嵌入各个民用设备。其中具有代表性的是智能家居、智能音箱设备。用户可以通过语音直接与设备进行交互、下达指令，比如用户可以通过语音指令直接指示小米的小爱同学语音助手来操作与之相绑定的智能家居设备。再如用户可以直接下达语音指令“我要听 ××× 歌曲”给智能音箱设备，那么智能音箱便能准确识别指令信息与歌曲名并开始播放该歌曲。

**4. 机器人客服应用场景**

机器人客服是利用自然语言处理、人工智能技术，通过即时的在线通信、短信等形式与用户进行实时交互的软件系统。

由于人力成本提高且用户服务的需求量不断增加，传统的人工客服难以完全满足用户的需求。机器人客服能够极大地降低人工成本且其优秀的反馈速度也能有效地改善用户体验，最终提高企业的服务质量与提升企业的品牌形象。

智能语音客服机器人有通知类型语音机器人、售后类型语音机器人和培训 / 质检语音机器人等，以下主要介绍这三种机器人的功能。

通知类型语音机器人：具备银行缴费通知、日程提醒、用户满意度反馈通知、活动通知、用户售后反馈通知等功能。

售后类型语音机器人：负责全天候接打客户电话，分担高峰期客服压力，缩短用户等待时间避免客户流失，以及提高客户满意度等。

培训 / 质检语音机器人：对人工座席进行培训和考核，包括模拟客户与人工座席进行对话，并对人工座席接待话术进行客观评价，此外，机器人可以对人工座席的接待内容进行全局把控。

当下客服机器人在语音合成与语音处理相关领域依旧存在瓶颈，若是用户拨打、接到客服电话时发现出现了重复的对话、音色等问题，就会发现对方是机器人，这时用户有可能失去耐心，会恶化用户体验。这些问题需要在未来进一步解决。

## 二、智能语音的技术规范

### （一）中文语音识别系统通用技术规范

《中文语音识别系统通用技术规范》（GB/T 21023—2007）在 2007 年 6 月 29 日正式发布为国家标准，于 2007 年 11 月 1 日起实施。《中文语音识别系统通用技术规范》从 2002 年开始筹备，经过多次专家讨论、反复修改而立稿。该标准对语音识别的专业术语、分类及相关规范进行了统一的定义。该标准的颁布与普及有利于中文语音识别系统的发展与推广。

### （二）中文语音合成系统通用技术规范

《中文语音合成系统通用技术规范》（GB/T 21024—2007）由全国信息技术标准化技术委员会用户界面分会执行，由全国信息技术标准化技术委员会统一上报，其主管部门为国家标准化管理委员会。主要起草单位包括中国科学院自动化研究所及中国电子技术标准化研究院以及科大讯飞信息科技有限公司（简称科大讯飞）。

### （三）智能语音交互系统通用规范

《信息技术　智能语音交互系统　第 1 部分：通用规范》（GB/T 36464.1—2020）由全国信息技术标准化技术委员会用户界面分会执行，并由全国信息技术标准化技术委员会统一上报，其主管部门为国家标准化管理委员会。

### （四）智能语音交互测试技术规范

《信息技术　智能语音交互测试方法　第 1 部分：语音识别》（GB/T 41813.1—2022）由全国信息技术标准化技术委员会用户界面分会执行，由全国信息技术标准化技术委员会统一上报，其主管部门为国家标准化管理委员会。其主要起草单位有小米、科大讯飞、华为终端等。

# 第二节　智能语音工具的使用方法和算法开发流程

**考核知识点及能力要求：**

- 了解机器学习训练步骤以及问题类别；
- 了解机器学习建模的基本流程；
- 熟悉 PyTorch 深度学习框架基本用法；
- 熟悉 TorchAudio 框架用法；
- 熟悉 Torchtext 框架用法；
- 熟悉 WeNet 框架用法；
- 能够编写简单的深度学习模型并使用 TorchAudio、TorchText 载入相关数据。

## 一、智能语音的算法开发流程

### （一）为什么需要深度学习？

我们现在日常使用的计算机程序基本都是软件开发人员从零开始编写的。比如，我们要编写一个程序来管理网络商城。经过一个简单的思考，我们可能会提出以下方案：首先，用户通过浏览器与某个按钮、组件进行交互，紧接着发送一个事件至商城数据库系统，该系统用来保存、编辑用户的相关操作，最后由商城数据库系统反馈相关信息给用户。其中，这个程序的核心——“业务逻辑”如同有限状态机一样，详细地说明了程序在各个情况下的种种操作。

如何实现这个有限状态机呢？这个是软件开发人员需要考虑的问题。我们必须细致地考虑到该程序所有可能遇到的边界情况并指定完善的规则来处理它们。比如我们在该商城下单时，我们会把下单的产品 ID 与用户 ID 在数据库中关联起来。当然了，一次性编写出无差错、完美无缺的程序的概率微乎其微。但大多时候，我们都能朝着正确的方向前进并不断测试、完善我们的程序直至达到客户的要求。

现在，我们可以试着思考如何解决以下问题：

第一，编写一个程序，给出第一天的卫星历史图像信息、气象台实地勘测信息来预测第二天的天气。

第二，编写一个程序，给出股市的历史价格走势，预测未来的股票价格。

第三，编写一个程序，给出用户的相关信息，预测该用户可能喜欢的产品。

即便是世界一流程序员也无法提出一个完美的解决方案。原因不尽相同，比如有些任务是随时间推移而变化的，我们需要程序能够自己去模拟、运算。而有些则是输入变量间关系过于复杂，抽象出变量之间的关系需要数百万次运算，比如图片中像素之间的关系。虽然我们的大脑可以快速识别出图片中的各个对象，但我们的意识里并不清楚其中的原理。

而机器学习是一种可以从过去数据、经验中学习到经验的技术。通常能通过不断地训练、与环境交互得到新的数据，从而实现不断地自我提高。但当下业务逻辑代码则无此特性，也就是说无论执行多少次，代码也不会自我更新、获得新功能（除非开发人员对它进行更新）。实际上，机器学习、深度学习技术的应用已经遍布我们生活中的方方面面，比如身份验证技术中的人脸识别、车牌识别，以及语言识别（如 Siri）等。图 3–1 展示的是语音从采集到识别的流程。

**图 3–1 语音识别模型运行流程**

现在，请你编写一个程序来响应某一声音片段，如“你好，小艺小艺”。这个问题看起来难以解决，毕竟麦克风实时收集大约数万甚至数十万个数据样本，每个样本都是声波振幅的值。那么我们该如何编写程序使得根据这些输入麦克风所得到的声波振幅的值的集合就能识别出我们的语音结果？其实我们也很难做到，而这也是我们为什么要学习机器学习、深度学习的原因。这里我们将首先介绍当今业界广泛使用的深度学习框架 PyTorch 的基本组件及其与智能语音处理相关的接口，而后介绍基于 PyTorch 的智能语音识别框架 WeNet，以及其部署流程和使用示例。

### （二）深度学习的基本组件

#### 1. 数据

如果一个人没有知识的积累，那么他自然无法胜任复杂的工作。机器也是一样，如果没有了数据给它训练，那么它将对任务一无所知。数据集由一个个样本组成。通常这些样本是服从某一独立分布的。每个样本拥有若干种属性，我们称之为特征。我们的模型会根据样本的特征来预测并得到我们想要的一个特殊属性，而这个特殊的属性被称为目标。

比如我们要处理的一个任务是对鱼的分类。现在样本里有若干条鱼。其特征包含鱼的大小、性别、颜色等，任务的目的是根据上面三种属性来预测某条鱼的种类，即：

（1）样本集：若干条鱼；

（2）特征：鱼的大小、性别、颜色；

（3）目标：鱼的种类。

当然了，实际上我们可能并不能保证所使用的数据是完美无缺的，可能实验数据记录的时候记录员打了瞌睡，或者偷懒随便加了几条，又或者数据记在纸上因为种种原因被损毁，这些都将导致实验数据的错误。使用这些错误的数据会对模型的性能造成较大的影响。就如同“指鹿为马”一般，你一直告诉一个小孩鹿就是马，那么他以后也会很自然地不能正确分辨鹿和马。

#### 2. 目标函数

我们之前说过让机器从经验中学习，使其能提高自我的性能。那么，怎么样才算是“提高”了呢？在机器学习里，我们需要定义一个模型的性能的度量，以及这个度量在大多范围内是可优化的。我们称之为目标函数，或者损失函数。根据惯例，我们希望我们能将它优化到损失函数的最低点，当然这也只是惯例而已。

在进行普通的数值预测、回归的时候，我们通常会使用平方误差作为目标函数。解决分类问题的时候，最常见的目标函数是最小化分类的错误率。要是有些问题很复杂，难以被直接优化，我们也可以试着找出替代目标。

**3. 优化算法**

一旦我们获得了一些数据源、一个模型以及一个合适的损失函数，我们接下来就需要决定用什么算法来搜索出最佳的参数，来最小化我们的损失函数。简单来说就是有一个目标函数，要找到合适的自变量的值使得这个函数达到最值（通常是最小值）。而这里有很多策略，大多数算法基于一个基本方法——梯度下降。对于其原理，简单来说就是一个盲人在爬山过程中快速下山的策略。其中一个快速下山方法就是每走一步就探探周围脚下的土地，判断哪一个方向的土地最陡峭，便往这个方向走，这可以说是一个快速下山的好策略。

## 二、PyTorch 的安装、简介以及使用示例

### （一）PyTorch 的安装

PyTorch 是基于以下两个目的而打造的 Python 科学计算框架：

（1）无缝替换 NumPy，并且通过利用 GPU 的算力来实现神经网络的加速；

（2）通过 PyTorch 的自动微分机制，使得神经网络的实现变得更加容易。

正确地使用 PyTorch 框架，可以快速实现并部署、测试神经网络模型。

PyTorch 的官方网站：https：//pytorch.org，其官方界面如图 3–2 所示。

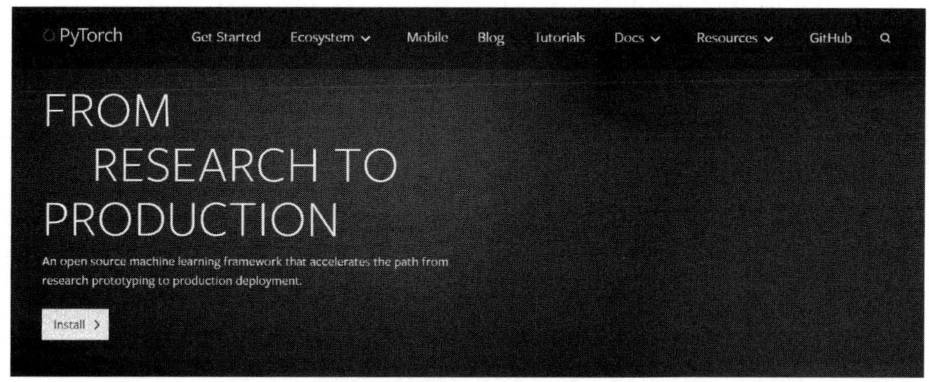


**图 3–2　PyTorch 官方界面**

PyTorch 提供多种安装方式，在其快速上手教程（https：//pytorch.org/get-started/locally/）中，用户可以根据自己的机器环境快速筛选并使用自己想要的安装方式。

如图 3–3 所示，用户选择自己机器的配置、软件环境后，PyTorch 官方便能提供直接运行的代码：

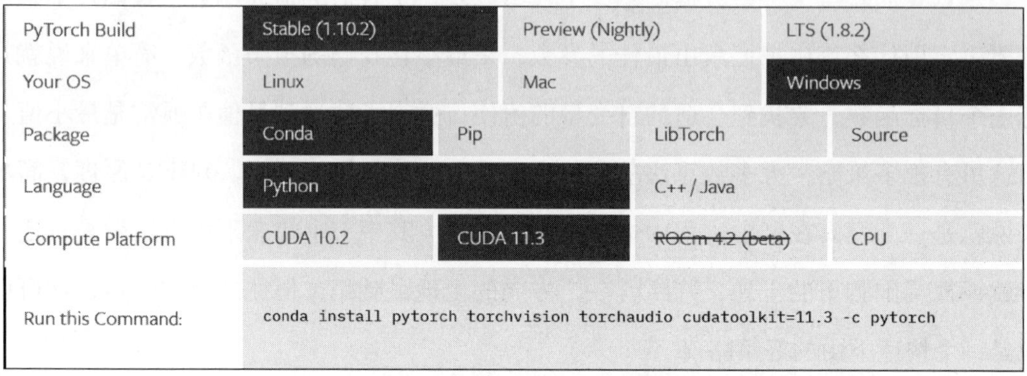

| PyTorch Build | Stable (1.10.2) | Preview (Nightly) | LTS (1.8.2) | |
|---|---|---|---|---|
| Your OS | Linux | Mac | Windows | |
| Package | Conda | Pip | LibTorch | Source |
| Language | Python | | C++ / Java | |
| Compute Platform | CUDA 10.2 | CUDA 11.3 | ~~ROCm 4.2 (beta)~~ | CPU |
| Run this Command: | conda install pytorch torchvision torchaudio cudatoolkit=11.3 -c pytorch | | | |

**图 3–3　PyTorch 安装方法选项**

比如机器是 Windows 操作系统，使用 Conda 来管理 Python 库，且 CUDA 版本是 11.6。那么选择适当的版本，并将“Run this Command”复制粘贴到控制台窗口并键入运行即可。

注：若使用 Anaconda 下载，下载之前可进行换源操作，各系统都可以修改用户目录下的 .condarc 文件。Windows 用户无法直接创建名为 .condarc 的文件，可先执行 conda config--set show_channel_urls yes 生成该文件之后再修改。

打开编辑器，编辑这一新生成的 .condarc 文件，最后键入以下内容，将 Conda 源更换为清华镜像源，以避免 Conda 库安装时的网络错误问题：

URL：https：//mirrors.tuna.tsinghua.edu.cn/help/anaconda

```
channels:
  - defaults
show_channel_urls: true
default_channels:
  - https://mirrors.tuna.tsinghua.edu.cn/anaconda/pkgs/main
```

```
    - https://mirrors.tuna.tsinghua.edu.cn/anaconda/pkgs/r
    - https://mirrors.tuna.tsinghua.edu.cn/anaconda/pkgs/msys2
custom_channels:
    conda-forge: https://mirrors.tuna.tsinghua.edu.cn/anaconda/cloud
    msys2: https://mirrors.tuna.tsinghua.edu.cn/anaconda/cloud
    bioconda: https://mirrors.tuna.tsinghua.edu.cn/anaconda/cloud
    menpo: https://mirrors.tuna.tsinghua.edu.cn/anaconda/cloud
    PyTorch: https://mirrors.tuna.tsinghua.edu.cn/anaconda/cloud
    PyTorch-lts: https://mirrors.tuna.tsinghua.edu.cn/anaconda/cloud
    simpleitk: https://mirrors.tuna.tsinghua.edu.cn/anaconda/cloud
```

之后保存并关闭即可。

在控制台运行安装 PyTorch 命令（若使用镜像站，请删除 -c），而后在 y/n 选项中键入 y 并回车，表示确定安装 PyTorch（图 3–4）。

```
The following NEW packages will be INSTALLED:

  cudatoolkit        anaconda/pkgs/main/win-64::cudatoolkit-11.3.1-h59b6b97_2
  libuv              anaconda/pkgs/main/win-64::libuv-1.40.0-he774522_0
  pytorch            pytorch/win-64::pytorch-1.10.2-py3.9_cuda11.3_cudnn8_0
  pytorch-mutex      pytorch/noarch::pytorch-mutex-1.0-cuda
  torchaudio         pytorch/win-64::torchaudio-0.10.2-py39_cu113
  torchvision        pytorch/win-64::torchvision-0.11.3-py39_cu113

The following packages will be UPDATED:

  ca-certificates    pkgs/main::ca-certificates-2021.10.26~ --> anaconda/pkgs/main::ca-certificates-2021.10.26-haa95532_4
  certifi            pkgs/main::certifi-2021.10.8-py39haa9~ --> anaconda/pkgs/main::certifi-2021.10.8-py39haa95532_2
  openssl              pkgs/main::openssl-1.1.1l-h2bbff1b_0 --> anaconda/pkgs/main::openssl-1.1.1m-h2bbff1b_0


Proceed ([y]/n)?
```

**图 3–4　PyTorch 命令行安装过程**

在安装完成后，打开并按照以下步骤测试 PyTorch 是否正确安装。

打开 Python 后再键入以下代码，测试 Torch 是否运行正常。

```
import torch
x = torch.rand (5, 3)
print (x)
```

输出应该与如下输出类似：

```
tensor ([[0.3380, 0.3845, 0.3217],
         [0.8337, 0.9050, 0.2650],
         [0.2979, 0.7141, 0.9069],
         [0.1449, 0.1132, 0.1375],
         [0.4675, 0.3947, 0.1426]])
```

除此之外，通过以下代码可以检测 GPU 硬件以及 CUDA 是否可用：

```
import torch
torch.cuda.is_available( )
```

若输出结果为 True，则表示 PyTorch 可用 GPU 来加速训练。

### （二）PyTorch 简介

PyTorch 前身是 Torch，底层与 Torch 框架一样，使用 Python 重构了很多内容，并提供了相应的 Python 接口，深受广大科研人员的喜爱，其不仅仅能利用 GPU 加速神经网络训练过程，同时还支持动态的神经网络。

除了 Meta 之外，Twitter、GMU 和 Salesforce 等机构都采用了 PyTorch。

TensorFlow 是命令式的编程语言，所生成的网络是静态的。首先必须构建一个神经网络，然后多次使用相同的结构，如果想要改变网络的结构，就必须从头开始。但是对于 PyTorch，通过反向求导技术，可以任意改变神经网络的行为，而且其速度加快。这一灵活性正是 PyTorch 相比 TensorFlow 的最大优势。

PyTorch 的 API 简单易懂、学习成本低，写出的代码也更加简洁直白。所以，总结一下 PyTorch 的优点：支持 GPU，支持动态图求导，API 简单易懂，学习成本低，可自定义扩展。

当然，现今任何一个深度学习框架都有其缺点，PyTorch 也不例外。对比 TensorFlow，其全面性处于劣势。目前 PyTorch 针对移动端、嵌入式部署以及高性能服务器端的部署其性能表现有待提升，但就现在的市场而言，PyTorch 占据了大部分深度学习框架市场。

#### 1. Tensor 张量

矩阵运算是深度学习中最基本的运算单元，在 PyTorch 中矩阵通常被分装在 Tensor 类

中，PyTorch 中的矩阵运算通常是在各个 Tensor 中进行的。NumPy 中对于矩阵的运算是使用 CPU 进行计算的，并行程度较低，不适合大规模运算。深度学习通常对计算量要求较高，而 PyTorch 中的 Tensor 类能够利用 CPU 进行加速运算，极大地提高计算速度。

```
import torch
x = torch.empty (5, 3) # 构建一个 5x3 的矩阵 , 不初始化
print (x) # 打印结果
```

输出：

```
tensor(1.00000e-04 *
        [[-0.0000, 0.0000, 1.2225],
        [0.0000, 0.0000, 0.0000],
        [0.0000, 0.0000, 0.0000],
        [0.0000, 0.0000, 0.0000],
        [0.0000, 0.0000, 0.0000]])
```

构建一个随机初始化的矩阵：

```
x = torch.rand (5, 3)
print (x)
```

输出：

```
tensor ([[0.1066, 0.0110, 0.9664],
        [0.1531, 0.0880, 0.7869],
        [0.4714, 0.1712, 0.3267],
        [0.2583, 0.3777, 0.8138],
        [0.8249, 0.7962, 0.8145]])
```

构建一个矩阵全为 0，而且数据类型是 long：

```
x = torch.zeros (5, 3, dtype=torch.long)
print (x)
```

输出：

```
tensor ([[ 0, 0, 0],
        [ 0, 0, 0],
        [ 0, 0, 0],
        [ 0, 0, 0],
        [ 0, 0, 0]])
```

虽然 PyTorch 提供了 Tensor 类方便用户进行矩阵运算，但深度学习的重要基础算法——梯度下降法，则是需要框架能在矩阵运算时自动计算各个张量（矩阵）的梯度，在 PyTorch 中这是由另一个重要基本组件——自动微分引擎实现的。

**2. 自动微分引擎**

神经网络是对输入数据执行一系列流水线操作的函数的集合，而这些函数又由权重（weight）、偏置值（bias）定义，这些值存储在 Tensor 对象中。

训练神经网络分为两个步骤：

正向传播（forward）：在正向传播中，神经网络对一个输入做一系列的处理后得到一个输出。

反向传播（backward）：在反向传播中，神经网络对其所得出的输出与真实标签的误差进行处理后得到梯度值，最后反向回传梯度并利用梯度下降法来调整网络参数。

以下是训练神经网络的步骤。神经网络训练前通常需要先定义网络结构、准备输入数据以及对应的输出标签。这里举了个简单的例子，先从 Torchvision 中加载了经过预训练的 resnet18 模型（定义网络结构）；创建一个随机数据张量来表示具有 3 个通道的单个图像（准备输入数据），其高度和宽度分别为 64；定义了 label 随机变量（输入数据对应的输出标签）。

```
import torch, torchvision
model = torchvision.models.resnet18 (pretrained=True)
data = torch.rand (1, 3, 64, 64)
labels = torch.rand (1, 1000)
```

接下来，通过模型的每一层运行输入数据以进行预测。这是正向传播（forward）。

```
prediction = model (data) # forward pass
```

使用模型的预测值与真实的标签来计算误差（loss）。下一步是通过网络反向传播（backward）来传导误差。当在误差（loss）张量上调用 .backward（ ）时，开始反向传播（backward）。然后，Autograd 会为每个模型参数计算梯度并将其存储在参数对象的 .grad 属性中。

```
loss = (prediction - labels).sum (  )
loss.backward (  ) # backward pass
```

接下来，加载一个优化器，在本例中为 SGD（随机梯度下降），学习率为 0.01，动量为 0.9。在优化器中注册模型的所有参数。

```
optim = torch.optim.SGD (model.parameters (  ), lr=1e-2, momentum=0.9)
```

最后，调用 .step（ ）启动梯度下降。优化器 optimizer 通过 .grad 中存储的梯度来调整每个参数。

```
optim.step (  ) #gradient descent
```

**3. Autograd 的微分**

PyTorch 的 Autograd 模块可以实时自动计算张量的微分，以便于深度神经网络进行反向传播。使用 Autograd 模块也很简单，直接在创建向量的时候将参数 requires_grad 设置为 True 即可。下面的例子使用了 requires_grad=True 创建张量 $a$ 和 $b$。这会让 PyTorch 跟踪有关这两个张量的相关操作，记录其梯度变化。

```
import torch
a = torch.tensor ([2., 3.], requires_grad=True)
b = torch.tensor ([6., 4.], requires_grad=True)
```

利用 $a$ 和 $b$ 创建一个新的张量 $Q = 3a^2 - b^2$，即：

```
Q= 3 × a × a–b × b
```

假设 $a$ 和 $b$ 是神经网络的参数，$Q$ 是误差。在神经网络训练中，我们想知道不同参数相对于损失函数的误差权重（偏导值），即：

$$\frac{\partial Q}{\partial a}=9a^2 \tag{3-1}$$

$$\frac{\partial Q}{\partial b}=-2b \tag{3-2}$$

当在 $Q$ 上调用 .backward（ ）时，Autograd 将计算这些梯度并将其存储在各个张量的 .grad 属性中。

我们需要在 Q.backward（ ）中显式传递 gradient 参数。这里的 gradient 是与 $Q$ 形状相同的张量，它表示 $Q$ 相对于本身的梯度，即：

$$\frac{\mathrm{d}Q}{\mathrm{d}Q}=1 \tag{3-3}$$

同样，也可以将 $Q$ 聚合为一个标量，然后隐式地向后传播，例如 Q.sum（ ）.backward（ ）。

```
external_grad = torch.tensor ([1., 1.])
Q.backward (gradient=external_grad)
```

梯度现在沉积在 a.grad 和 b.grad 中。

```
# check if collected gradients are correct
print (9*a**2 == a.grad)
print (-2*b == b.grad)
```

输出：

```
tensor ([True, True])
tensor ([True, True])
```

**4. 神经网络**

现在可以使用 torch.nn 包来构建神经网络了。读者已经了解了 Autograd，神经网络依赖 Autograd 来对其进行微分。nn.Module 包含 Layer，以及返回 output 的方法（函数）forward（input）。

例如，查看以下对数字图像进行分类的网络 LeNet（图 3–5）：

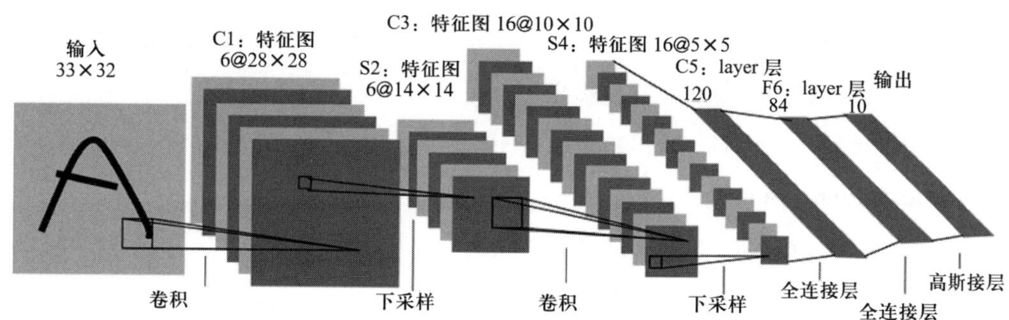

图 3–5　LeNet 网络结构图

这是一个简单的（forward）神经网络。每一层网络的输出都作为下一层网络的输入，然后得到模型最终的输出。

神经网络的典型训练过程如下：

（1）定义具有一些可学习参数（parameter）的神经网络；

（2）从 dataloader 中取得经过预处理的数据，作为神经网络的输入；

（3）通过神经网络处理输入；

（4）计算损失（计算输出与正确“答案”的距离有多远）；

（5）将梯度反向传播神经网络的参数；

（6）通常使用简单的梯度更新方法来更新网络的权重：weight=wight−leanrningRate × gradient。

现在定义这个神经网络：

```
import torch
import torch.nn as nn
import torch.nn.functional as F
class Net (nn.Module):
    def __init__ (self):
        super (Net, self).__init__( )
        # 1 input image channel, 6 output channels, 5x5 square convolution
        # kernel
        self.conv1 = nn.Conv2d (1, 6, 5)
        self.conv2 = nn.Conv2d (6, 16, 5)
        # an affine operation: y = Wx + b
```

```
        self.fc1 = nn.Linear (16 * 5 * 5, 120)    # 5*5 from image dimension
        self.fc2 = nn.Linear (120, 84)
        self.fc3 = nn.Linear (84, 10)
    def forward (self, x):
        # Max pooling over a (2, 2) window
        x = F.max_pool2d (F.relu (self.conv1(x)), (2, 2))
        # If the size is a square, you can specify with a single number
        x = F.max_pool2d (F.relu (self.conv2(x)), 2)
        x = torch.flatten (x, 1) # flatten all dimensions except the batch dimension
        x = F.relu (self.fc1(x))
        x = F.relu (self.fc2(x))
        x = self.fc3 (x)
        return x
net = Net ( )
print (net)
```

输出：

```
Net (
  (conv1): Conv2d (1, 6, kernel_size= (5, 5), stride= (1, 1))
  (conv2): Conv2d (6, 16, kernel_size= (5, 5), stride= (1, 1))
  (fc1): Linear (in_features=400, out_features=120, bias=True)
  (fc2): Linear (in_features=120, out_features=84, bias=True)
  (fc3): Linear (in_features=84, out_features=10, bias=True)
)
```

现在只需要定义 forward 函数，就可以利用 Autograd 来计算 Tensor 的梯度。

模型的可学习参数由 net.parameters（ ）返回。

```
params = list (net.parameters ( ))
print (len(params))
print (params [0].size ( ))    # conv1's .weight
```

输出：

```
10
torch.Size ([6, 1, 5, 5])
```

读者可以尝试一个32×32的随机输入。注意：该网络（LeNet）的预期输入大小为32×32。要在MNIST数据集上使用此网络，需要把图像大小先缩放（resize）为32×32。

```
input = torch.randn (1, 1, 32, 32)
out = net (input)
print (out)
```

输出：

```
tensor ([[ 0.0818, -0.0857, 0.0695, 0.1430, 0.0191, -0.1402, 0.0499, -0.0737,
         -0.0857, 0.1395]], grad_fn=<AddmmBackward0>)
```

使用随机梯度将所有参数和反向传播的梯度缓冲区归0：

```
net.zero_grad ( )
out.backward (torch.randn (1, 10))
```

注意：

torch.nn仅支持批量（batch）操作。整个torch.nn包仅支持微型样本集合而不是单个样本的输入。例如，nn.Conv2d将采用nSamples×nChannels×Height×Width的4D张量。如果只有一个样本，只需使用input.unsqueeze（0）添加一个批量尺寸信息，表示该数据集合大小为1。

**5. 损失函数**

损失函数采用（predict value，target value）作为输入，并计算一个值，该值估计输出与目标之间的差距。

torch.nn 包下有几种不同的损失函数。一个简单的损失函数是 nn.MSELoss，它计算输入和目标之间的均方误差。下面提供一个使用 MSELoss 的使用示例，其首先通过网络（net）得到网络的输出（output），并初始化了一个目标值（target），通过一个 MSELoss 实例对象（criterion），得到了所计算的损失（loss）。

```
output = net (input)
target = torch.randn (10)
target = target.view (1, -1)   # make it the same shape as output
criterion = nn.MSELoss ( )
loss = criterion (output, target)
print (loss)
```

输出：

```
tensor (1.0032, grad_fn=<MseLossBackward0>)
```

现在，如果使用 .grad_fn 属性向后跟随 loss，用户将看到一个计算图，如下所示：

```
input -> conv2d -> relu -> maxpool2d -> conv2d -> relu -> maxpool2d
      -> view -> linear -> relu -> linear -> relu -> linear
      -> MSELoss
      -> loss
```

调用函数 loss.backward ( ) 的时候，整个张量图将会自动回传损失梯度。

如下所示，输入：

```
print (loss.grad_fn)   # MSELoss
print (loss.grad_fn.next_functions[0][0])   # Linear
print (loss.grad_fn.next_functions[0][0].next_functions[0][0])   # ReLU
```

输出：

```
<MseLossBackward0 object at 0x7f7e8453dbb0>
<AddmmBackward0 object at 0x7f7dd1aec340>
<AccumulateGrad object at 0x7f7e84516280>
```

**6. 反向传播**

要求反向传播梯度，只需要调用函数 loss.backward ( )。不过，但在调用 backward ( ) 函数前，需要清除当前 Tensor 内的梯度值，否则会导致上次回传的值也被累加。

这里为了查看反向传播前后网络层数值的变化，在反向传播前后将网络信息打印出来。

```
net.zero_grad ( )        # zeroes the gradient buffers of all parameters
print ('conv1.bias.grad before backward')
print (net.conv1.bias.grad)
loss.backward ( )
print ('conv1.bias.grad after backward')
print (net.conv1.bias.grad)
```

输出：

```
conv1.bias.grad before backward
tensor ([0., 0., 0., 0., 0., 0.])
conv1.bias.grad after backward
tensor ([ 0.0188, 0.0172, -0.0044, -0.0141, -0.0058, -0.0013])
```

现在，我们已经看到了如何使用损失函数。

**7. 更新权重**

实践中使用的最简单的梯度更新方法是随机梯度下降（SGD）：

$$weight = weight - learning\_rate \times gradient \tag{3-4}$$

公式中 weight 表示神经节点的权重；learning_rate 表示学习率；gradient 表示节点的梯度。该公式为 SGD 的核心部分，在每一次反向传播时网络的节点的权重都会向局部最优解进行优化，随着迭代次数的增加，模型的性能也会越来越好直到收敛。

```
learning_rate = 0.01
for f in net.parameters ( ):
f.data.sub_(f.grad.data * learning_rate)
```

### （三）Torch 文本处理：Torchtext 简介

Torchtext 可以让用户轻松地将文本资源加载、映射为想要的形式。当然，其与视觉方面的 PyTorch 工具 Torchvision 类似，也支持直接加载部分流行的语料资源。

如：

```
import torch
from torchtext.datasets import AG_NEWS
train_iter = AG_NEWS(split='train')
```

其获取了 AG_NEWS 语料资料，而 AG 是一个包含了百万级别数量新闻主题的语料资料。通过 torchtext.datasets.AG_NEWS 可以直接获取该语料。若是本地计算机没有缓存将自动下载，返回的是一个迭代器对象，可以通过 next（ ）函数在其中进行迭代：

```
next (train_iter)
>>> (3, "Wall St. Bears Claw Back Into the Black (Reuters) Reuters -
Short-sellers, Wall Street's dwindling\\band of ultra-cynics, are seeing green
again.")
next (train_iter)
>>> (3, 'Carlyle Looks Toward Commercial Aerospace (Reuters) Reuters - Private
investment firm Carlyle Group,\\which has a reputation for making well-timed
and occasionally\\controversial plays in the defense industry, has quietly
placed\\its bets on another part of the market.')

next(train_iter)
>>> (3, "Oil and Economy Cloud Stocks' Outlook (Reuters) Reuters - Soaring
```

```
crude prices plus worries\\about the economy and the outlook for earnings are
expected to\\hang over the stock market next week during the depth of
the\\summer doldrums.")
```

计算机处理文本内容以一个个字符为基本单位（如，“a”“b”“,”），由于人类语言的词汇量是有限的，计算机也能够通过创建字典来处理若干个单词。但是人类的语句由若干单词组合而成，存在非常多且复杂的组合方式，因此如今对句子的处理方式通常是使用一些算法将句子分解为一个个单词而后再进行后续的处理。最简单的分词算法是利用一些特殊字符对句子进行分解，如利用空格进行分解。假如有一句话“You can now install TorchText using pip!”，想把它按照空格进行分割，分割成“you‘can’now‘install’torchtext‘using’pip!”这种形式，那么我们该如何分割呢？这里可以使用 Python 的正则表达式工具进行处理。当然，工业生产中分词算法更为复杂多样，本文不作过深的探讨。为了方便开发者开发，TorchText 提供了一个接口可以快速分词。

torchtext.data.get_tokenizer（tokenizer，language=“en”）可以返回一个分词器，其有两个参数，一个是 tokenizer，是 tokenizer 函数的名字，默认为空的时候，则表示为空格分割；另一个是 language 参数，表示语言，默认为 en（英文）。

示例：

```
>>> import torchtext
>>> from torchtext.data import get_tokenizer
>>> tokenizer = get_tokenizer ("basic_english")
>>> tokens = tokenizer ("You can now install TorchText using pip!")
>>> tokens
>>> ['you', 'can', 'now', 'install', 'torchtext', 'using', 'pip', '!']
```

前面通过 TorchText 获取了迭代器对象，这里要将迭代器对象直接转化为 vocab 对象，则可以使用 build_vocab_from_iterator（iterator）快速完成转化：

```
from torchtext.data.utils import get_tokenizer
from torchtext.vocab import build_vocab_from_iterator

tokenizer = get_tokenizer ('basic_english')
train_iter = AG_NEWS (split='train')

def yield_tokens (data_iter):
    for _, text in data_iter:
        yield tokenizer (text)

vocab = build_vocab_from_iterator(yield_tokens (train_iter), specials= ["<unk>"])
vocab.set_default_index (vocab["<unk>"])
```

以上是使用标记器和词汇表进行典型 NLP 数据处理的示例。第一步是使用原始训练数据集构建词汇表。先使用内置的工厂函数 build_vocab_from_iterator 接收生成列表的迭代器或令牌的迭代器。用户还可以设置要添加到词汇表中的任何特殊符号。

而后使用 vocab 对象可将词转化为相应的数字 id，以方便作为后续的模型的输入：

```
vocab (['here', 'is', 'an', 'example'])
>>> [475, 21, 30, 5286]
```

这里可以简单定义一个处理流水线，来方便地处理词汇：

```
text_pipeline = lambda x: vocab (tokenizer(x))
label_pipeline = lambda x: int (x) - 1
```

这个简单的函数（处理流水线）先把每个词都转化为对应的 id，而后再通过 label_pipeline 把 id 的值减小了 1：

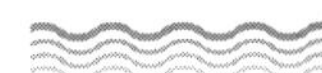

```
text_pipeline ('here is the an example')
>>> [475, 21, 2, 30, 5286]
label_pipeline ('10')
>>> 9
```

PyTorch 中有个专门用于数据加载的对象 DataLoader，其简单易用，用户只需要实现其相应的 getitem（ ）和 len（ ）接口即可使用，它也适用于可迭代对象。

在将数据送给模型之前，collate_fn 函数处理从 DataLoader 生成的一批样本。collate_fn 的输入是 DataLoader 中具有批大小的一批数据，collate_fn 根据之前声明的数据处理的函数对其进行处理。

在接下来的示例中，原始数据批输入中的文本条目被打包到一个列表中，并转化为 nn.EmbeddingBag 输入的单个张量。

```
from torch.utils.data import DataLoader
device = torch.device ("cuda" if torch.cuda.is_available (  ) else "cpu")

def collate_batch (batch):
    label_list, text_list, offsets = [], [], [0]
    for (_label, _text) in batch:
        label_list.append (label_pipeline (_label))
        processed_text = torch.tensor (text_pipeline (_text), dtype=torch.int64)
        text_list.append (processed_text)
        offsets.append (processed_text.size(0))
    label_list = torch.tensor (label_list, dtype=torch.int64)
    offsets = torch.tensor (offsets[:-1]).cumsum (dim=0)
    text_list = torch.cat (text_list)
    return label_list.to (device), text_list.to (device), offsets.to (device)
```

```
train_iter = AG_NEWS (split='train')
dataloader = DataLoader (train_iter, batch_size=8, shuffle=False, collate_fn=collate_batch)
```

### （四）Torch 音频处理：TorchAudio 简介

TorchAudio 着力于解决机器学习问题中的数据准备繁杂问题。它提供了许多工具来简化数据加载并使其更具可读性。

#### 1. 加载与保存

加载音频可以使用 torchaudio.load (filepath：str，...) 来把音频文件载入内存，支持 mp3、wav 等格式。

保存音频则可使用 torchaudio.save (ffilepath : str, src : torch.Tensor, sample_rate : int, ...)，其中 filepath 表示保存路径，src 表示保存的音频，sample_rate 表示采样率。

#### 2. 重采样

要将音频波形从一个频率重新采样到另一个频率，可以使用 transforms.resample 或 functional.resample。transforms.resample 预先计算并缓存用于重采样的内核，而 functional.resample 动态计算它，因此使用 transforms.resample 将在使用相同参数重采样多个波形时加快速度。

图 3–6 的频谱图显示了信号的频率表示，其中横轴对应于原始波形的频率（以对数刻度表示），纵轴对应于绘制波形的频率，颜色强度对应于幅度。

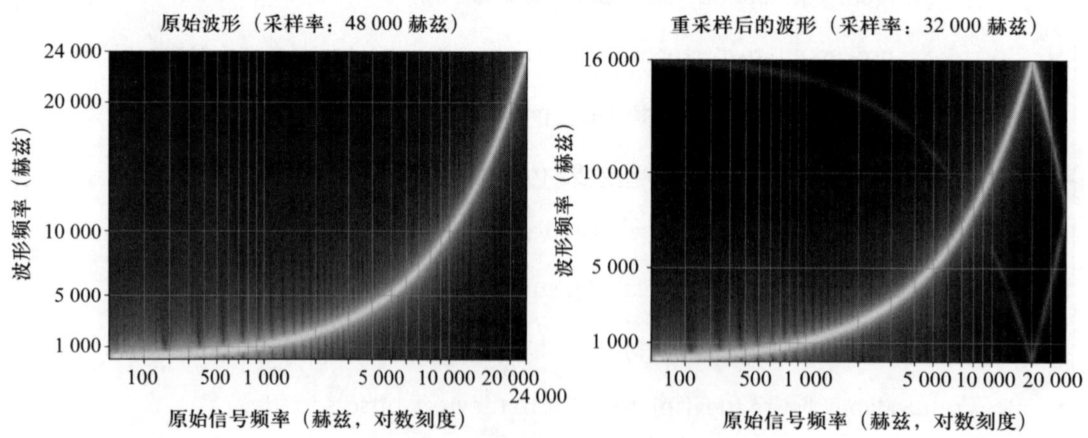


图 3–6　TorchAudio 重采样效果图

```
import torchaudio.functional as F
import torchaudio.transforms as T
  sample_rate = 70000
  resample_rate = 18000
  waveform = get_sine_sweep (sample_rate)
plot_sweep (waveform, sample_rate, title="Original Waveform")
play_audio (waveform, sample_rate)

resampler = T.Resample (sample_rate, resample_rate, dtype=waveform.dtype)
  resampled_waveform = resampler (waveform)
plot_sweep (resampled_waveform, resample_rate, title="Resampled Waveform")
play_audio (waveform, sample_rate)
```

**3. 语音数据增强**

TorchAudio 提供了多种方法来增强音频数据。

torchaudio.sox_effects 允许直接将类似于 Sox 中可用的过滤器应用到张量对象和文件对象音频源。

这里有两个函数：

（1）torchaudio.sox_effects.apply_effects_tensor，用于将效果应用于张量。

（2）torchaudio.sox_effects.apply_effects_file，用于将效果应用于其他音频源。

这两个函数都接受 List[List[str]]形式的输入。这与 Sox 命令的工作方式基本一致，但需要注意的是，Sox 会自动添加一些效果（effect），而 TorchAudio 的实现则不会。

**4. 音频特征提取**

TorchAudio 实现了音频领域常用的特征提取。它在 torchaudio.functional 和 torchaudio.transforms 中可用。

频谱图获取：使用 Spectrogram 可以获得音频的频谱信息，示例如下（效果如图 3-7 所示）。

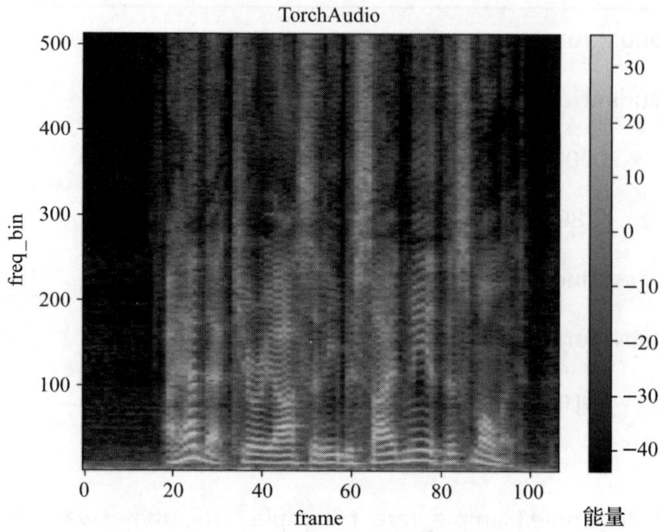


图 3–7　TorchAudio 频谱获取效果图

```
waveform, sample_rate = get_speech_sample ( )

n_fft = 1024
win_length = None
hop_length = 512

# define transformation
spectrogram = T.Spectrogram (
    n_fft=n_fft,
    win_length=win_length,
    hop_length=hop_length,
    center=True,
    pad_mode="reflect",
    power=1.5,
)
```

```
# Perform transformation
  spec = spectrogram (waveform)
print_stats (spec)
plot_spectrogram (spec[0], title='torchaudio')
```

Mel Filter Bank：torchaudio.functional.create_fb_matrix 生成滤波器组，用于将频率 bin 转换为 mel-scale bin。

由于此功能不需要输入音频，因此在 torchaudio.transforms 中没有等效的转换。

示例如下，效果如图 3–8 所示：

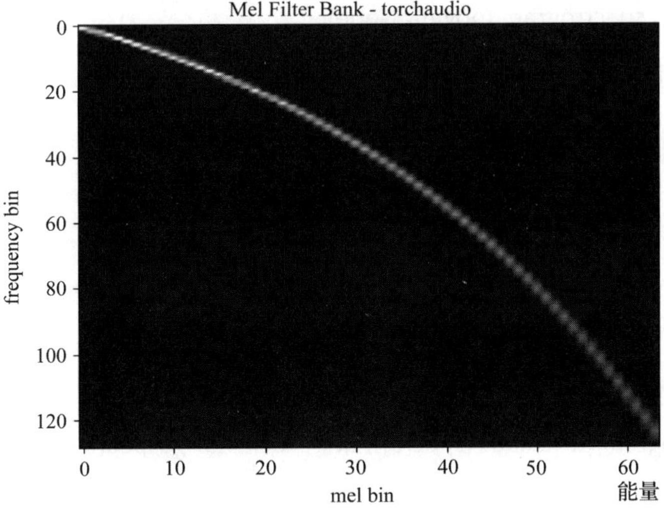


**图 3–8　TorchAudio 特征提取效果图**

```
n_fft = 512
n_mels = 128
sample_rate = 12000
mel_filters = F.create_fb_matrix (
    int (n_fft // 2 + 1),
    n_mels=n_mels,
```

```
        f_min=0.,
        f_max=sample_rate/2.,
        sample_rate=sample_rate,
        norm='slaney'
    )
    plot_mel_fbank(mel_filters, "Mel Filter Bank - torchaudio")
```

**5. 音频特征增强**

TorchAudio 还提供了多种特征增强功能，如 TimeStretch、FrequencyMasking 等。这里以 TimeStretch 为例，介绍特征增强功能，效果如图 3-9 所示。

```
    spec = get_spectrogram (power=None)
    stretch = T.TimeStretch (  )

    rate = 1.5
    spec_ = stretch (spec, rate)
    plot_spectrogram (torch.abs (spec_[0]), title=f"Stretched x {rate}", aspect='equal',
xmax=304)

    plot_spectrogram (torch.abs (spec[0]), title="Original", aspect='equal', xmax=304)

    rate = 1.3
    spec_ = stretch (spec, rate)
    plot_spectrogram (torch.abs (spec_[0]), title=f"Stretched x {rate}", aspect='equal',
xmax=304)
    rate = 0.9
    spec_ = stretch (spec, rate)
    plot_spectrogram (torch.abs (spec_[0]), title=f"Stretched x {rate}", aspect='equal',
xmax=304)
```

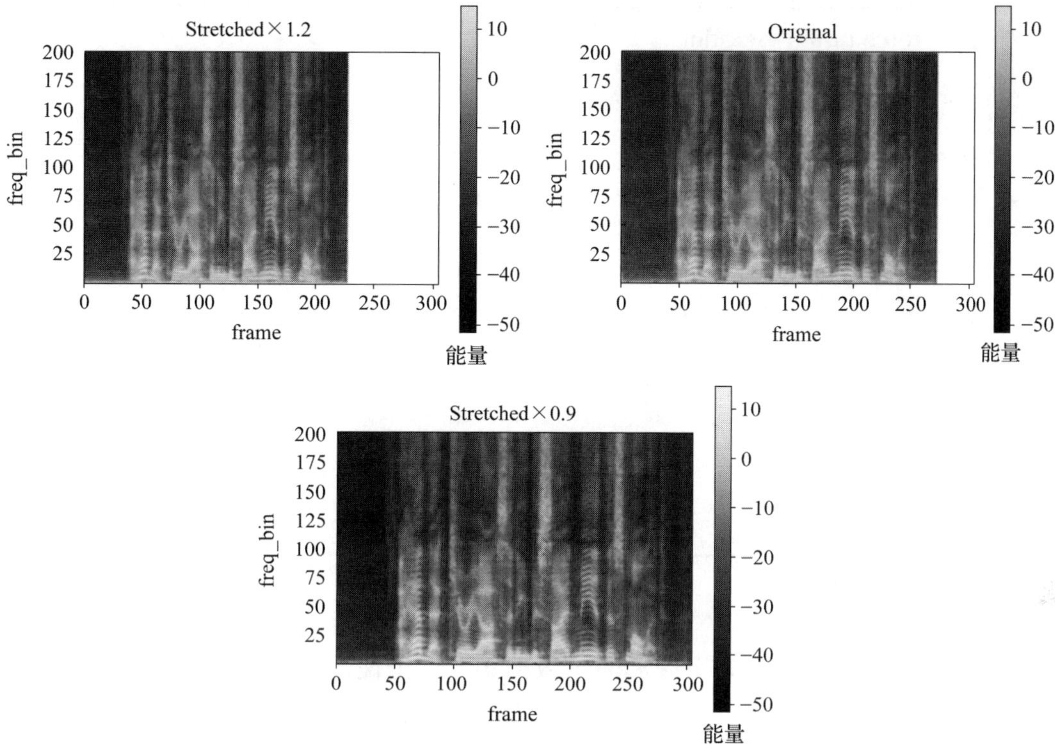


图 3-9　TorchAudio 音频特征增强效果图

**6. 公共数据集获取**

TorchAudio 提供对公众开放、可公开访问的数据集。用户可通过 torchaudio.datasets. 获取相关数据集。有关可用数据集的列表，请参阅官方文档。

**（五）TorchAudio 示例：用 TorchAudio 进行语音命令分类**

本示例将展示如何正确预处理一个音频数据集，然后在数据集上训练 / 测试一个音频分类器网络。

**1. 相关库导入**

首先导入可能会使用的库，并测试 PyTorch 能否利用 GPU 进行加速运算。操作如下所示：

```
import torch
import torch.nn as nn
import torch.nn.functional as F
```

```
import torch.optim as optim
import torchaudio
import sys

import matplotlib.pyplot as plt
import IPython.display as ipd

from tqdm import tqdm
device = torch.device ("cuda" if torch.cuda.is_available (  ) else "cpu")
print (device)
```

**2. 导入数据集**

这里使用 TorchAudio 来下载和表示数据集。这里使用一个由不同人口头下达的 35 个命令组成的数据集 SpeechCommands_。在这个数据集中，所有的音频文件都是大约 1 秒的长度（因此大约有 16 000 个时间帧）。

实际的加载和格式化步骤发生在访问数据点的时候，TorchAudio 负责将音频文件转换为张量。如果想直接加载一个音频文件，可以使用 torchaudio.load（ ）来代替。它返回一个元组，包含新创建的张量以及音频文件的采样频率（SpeechCommands 为 16 kHz）。

在以下示例中，创建一个子类，将其分成标准的训练、验证和测试子集。

```
from torchaudio.datasets import SPEECHCOMMANDS
import os

class SubsetSC(SPEECHCOMMANDS):
    def __init__(self, subset: str = None):
        super(  ).__init__("./", download=True)
        def load_list(filename):
            filepath = os.path.join(self._path, filename)
```

```
            with open(filepath) as fileobj:
                return [os.path.normpath(os.path.join(self._path, line.strip(   ))) for
line in fileobj]
        # 根据子集类型来加载对应数据
        if subset == "validation":
            self._walker = load_list("validation_list.txt")
        elif subset == "testing":
            self._walker = load_list("testing_list.txt")
        elif subset == "training":
            excludes = load_list("validation_list.txt") + load_list("testing_list.txt")
            excludes = set(excludes)
            self._walker = [w for w in self._walker if w not in excludes]

# 创建训练集和测试集
train_set = SubsetSC("training")
test_set = SubsetSC("testing")

waveform, sample_rate, label, speaker_id, utterance_number = train_set[0]
```

SPEECHCOMMANDS 数据集中每一条数据都是一个由波形（音频信号）、采样率、语料（标签）、说话人的 id、语料的数量组成的元组。

**3. 格式化数据**

在加载数据后，为了加快处理速度，需要对数据进行一系列的处理。对音频进行降频处理，以在不降低太多分类精度的情况下，加快处理速度。

```
new_sample_rate = 8000
transform = torchaudio.transforms.Resample (orig_freq=sample_rate, new_freq=
```

```
new_sample_rate)
    transformed = transform (waveform)
```

使用标签列表中的索引对每个词进行编码。

```
def label_to_index (word):
    # Return the position of the word in labels
    return torch.tensor (labels.index(word))


def index_to_label (index):
    # Return the word corresponding to the index in labels
    # This is the inverse of label_to_index
    return labels[index]


word_start = "yes"
index = label_to_index(word_start)
word_recovered = index_to_label(index)


print (word_start, "-->", index, "-->", word_recovered)
```

输出：yes --> tensor (33)--> yes

为了把由音频记录和语料组成的数据变成两个用于模型的分批张量，通过一个 PyTorch DataLoader 也使用的 collate 函数，分批迭代数据集。

```
def pad_sequence (batch):
    # 通过填充 0 使得同一批次的数据长度相同
    batch = [item.t ( ) for item in batch]
    batch = torch.nn.utils.rnn.pad_sequence (batch, batch_first=True, padding_value=0.)
```

```
    return batch.permute(0, 2, 1)

def collate_fn (batch):

    # A data tuple has the form:
    # waveform, sample_rate, label, speaker_id, utterance_number
    tensors, targets = [], []

    # 聚集在列表中，并将标签编码为索引
    for waveform, _, label, *_ in batch:
        tensors += [waveform]
        targets += [label_to_index (label)]

    # 将张量列表分组为一个分批张量
    tensors = pad_sequence (tensors)
    targets = torch.stack (targets)

    return tensors, targets

batch_size = 256

if device == "cuda":
    num_workers = 1
    pin_memory = True
else:
    num_workers = 0
    pin_memory = False
```

```
# 加载训练用的 Dataloader
train_loader = torch.utils.data.DataLoader (
    train_set,
    batch_size=batch_size,
    shuffle=True,
    collate_fn=collate_fn,
    num_workers=num_workers,
    pin_memory=pin_memory,
)
# 加载测试用的 dataloader
test_loader = torch.utils.data.DataLoader (
    test_set,
    batch_size=batch_size,
    shuffle=False,
    drop_last=False,
    collate_fn=collate_fn,
    num_workers=num_workers,
    pin_memory=pin_memory,
)
```

**4. 定义网络**

使用卷积神经网络来处理原始音频数据。通常情况下，会使用更复杂的预处理步骤来处理音频数据，然而卷积神经网络可以省去这一步骤，直接精准处理原始音频数据。这里的模型的第一个滤波器长度为 80，所以当处理 8 kHz 采样率的音频时，接收域大约为 10 ms（4 kHz 时，大约为 20 ms）。这个与经常使用 20 ~ 40 ms 的感受域的语音处理应用相似。

以下是对网络的具体定义，且打印模型的相关信息。

```
class M5 (nn.Module):
    def __init__(self, n_input=1, n_output=35, stride=16, n_channel=32):
        super ( ).__init__( )
        self.conv1 = nn.Conv1d (n_input, n_channel, kernel_size=80, stride=stride)
        self.bn1 = nn.BatchNorm1d (n_channel)
        self.pool1 = nn.MaxPool1d (4)
        self.conv2 = nn.Conv1d (n_channel, n_channel, kernel_size=3)
        self.bn2 = nn.BatchNorm1d (n_channel)
        self.pool2 = nn.MaxPool1d (4)
        self.conv3 = nn.Conv1d (n_channel, 2 * n_channel, kernel_size=3)
        self.bn3 = nn.BatchNorm1d (2 * n_channel)
        self.pool3 = nn.MaxPool1d (4)
        self.conv4 = nn.Conv1d (2 * n_channel, 2 * n_channel, kernel_size=3)
        self.bn4 = nn.BatchNorm1d (2 * n_channel)
        self.pool4 = nn.MaxPool1d (4)
        self.fc1 = nn.Linear (2 * n_channel, n_output)

    def forward (self, x):
        x = self.conv1 (x)
        x = F.relu (self.bn1(x))
        x = self.pool1 (x)
        x = self.conv2 (x)
        x = F.relu (self.bn2(x))
        x = self.pool2 (x)
        x = self.conv3 (x)
        x = F.relu (self.bn3(x))
```

```
        x = self.pool3 (x)
        x = self.conv4 (x)
        x = F.relu (self.bn4 (x))
        x = self.pool4 (x)
        x = F.avg_pool1d (x, x.shape [-1])
        x = x.permute (0, 2, 1)
        x = self.fc1 (x)
        return F.log_softmax (x, dim=2)


model = M5 (n_input=transformed.shape [0], n_output=len (labels))
model.to (device)
print (model)


def count_parameters (model):
    return sum (p.numel ( ) for p in model.parameters ( ) if p.requires_grad)


n = count_parameters (model)
print ("Number of parameters: %s" % n)
```

部分输出：

```
M5(
    (conv1): Conv1d (1, 32, kernel_size= (80,), stride= (16,))
    (bn1): BatchNorm1d (32, eps=1e-05, momentum=0.1, affine=True, track_running_
stats=True)
    …
Number of parameters: 26915
```

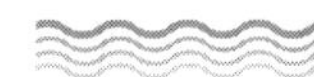

设置优化器以及对应的学习率 scheduler，这里 scheduler 用于在训练过程中控制优化器中的学习率大小。通常会在模型的训练后期稍微降低模型的学习率，以让模型得到更好的局部最优解，这里初始学习率设置为 0.01，在 20 个 epoch 后利用 scheduler 把学习率降低至 0.001。

```
optimizer = optim.Adam (model.parameters ( ), lr=0.01, weight_decay=0.0001)
scheduler = optim.lr_scheduler.StepLR (optimizer, step_size=20, gamma=0.1) # 在 20 个 epoch 后把学习率降低为原来的 1/10, 即为 0.001
```

**5. 网络的训练和测试**

现在定义一个训练函数，它将把训练数据输入模型，并执行反向传播和梯度下降步骤。对于训练，使用的损失函数是负对数似然函数。然后，神经网络将在每个训练 epoch 后进行测试，以查看训练期间的准确率的变化。

```
def train (model, epoch, log_interval):
    model.train ( )
    for batch_idx, (data, target) in enumerate (train_loader):
        data = data.to (device)
        target = target.to (device)
        # 应用 transforme
        data = transform (data)
        output = model (data)

        # 设置损失函数 (batch x 1 x n_output)
        loss = F.nll_loss (output.squeeze ( ), target)

        optimizer.zero_grad ( )
        loss.backward ( )
        optimizer.step ( )
```

```
        # 打印训练中的相关信息
        if batch_idx % log_interval == 0:
            print (f"Train Epoch: {epoch} [{batch_idx * len (data)}/{len (train_loader.dataset)} ({100. * batch_idx / len (train_loader):.0f}%)]\tLoss: {loss.item(   ):.6f}")

        # 更新进度条
        pbar.update (pbar_update)
        # 记录损失函数的值
        losses.append (loss.item(   ))
```

现在有了一个训练函数，需要写一个测试网络准确性的函数。把模型设置为 eval（）模式，然后在测试数据集上运行推理，如下所示：

```
def number_of_correct (pred, target):
    # 记录正确的个数
    return pred.squeeze (   ).eq (target).sum (   ).item(   )

def get_likely_index (tensor):
    # 为批次中的每个元素找到可能性最大的标签索引
    return tensor.argmax (dim=-1)

def test (model, epoch):
    model.eval (   )
    correct = 0
    for data, target in test_loader:

        data = data.to (device)
        target = target.to (device)
```

```
        # apply transform and model on whole batch directly on device
        data = transform (data)
        output = model (data)

        pred = get_likely_index (output)
        correct += number_of_correct (pred, target)

        # 更新进度条
        pbar.update (pbar_update)

    print (f"\nTest Epoch: {epoch}\tAccuracy: {correct}/{len (test_loader.dataset)} ({100. * correct / len (test_loader.dataset):.0f}%)\n")
```

最后可以训练和测试该网络。将对网络进行 10 个 epoch 的训练，然后降低学习率，再进行 10 个 epoch 的训练。在每个训练 epoch 后对网络进行测试，以了解在训练过程中准确率的变化。

```
log_interval = 20
n_epoch = 20

pbar_update = 1 / (len(train_loader) + len (test_loader))
losses = []

transform = transform.to (device)
with tqdm (total=n_epoch) as pbar:
    for epoch in range (1, n_epoch + 1):
        train (model, epoch, log_interval)
        test (model, epoch)
```

```
        scheduler.step ( )

    plt.plot (losses);

    plt.title ("training loss");
```

其部分输出如下：

```
Test Epoch: 1     Accuracy: 7103/11005 (65%)

Test Epoch: 2     Accuracy: 8085/11005 (73%)

…

Test Epoch: 20    Accuracy: 8889/11005 (81%)
```

最终损失函数波动值如图 3–10 所示。

可以发现训练后期损失基本收敛，并且准确率从 65% 提高到 81% 左右。

总结：在本示例中，首先用 TorchAudio 加载一个数据集并对信号进行重采样处理。然后定义一个神经网络，并对其进行训练以识别给定的指令。还有其他的数据预处理方法，如寻找融频谱系数（MFCC），可以减小数据集。

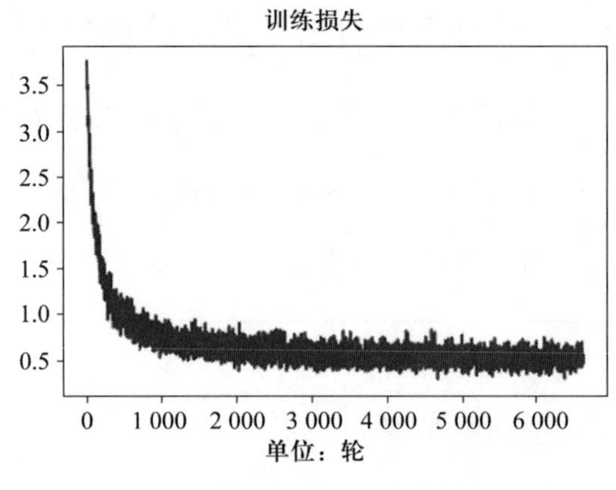


**图 3–10　示例损失函数数值可视化**

## 三、WeNet 框架

### （一）WeNet 简介

近些年，端到端（end–to–end，简称 E2E）自动语音识别（ASR）模型越来越受到业界关注，如 Connectionist Temporal Classification（CTC）、Recurrent Neural Network Transducer（RNN–T）以及基于注意力的编码 – 解码模型（attention based encoder–decoder，简称 AED）。与传统的 ASR 框架相比，端到端模型的优点是极大地简化了训练过程。然而，端到端 ASR 系统的部署并不容易，有很多实际问题需要解决。

首先是流（stream）问题。由于语音是以流的形式传输的，在实际场景中，可能要求在一个人讲话的途中就要把他已经讲出来的词给识别出来，而不是等他讲完整段话才进行识别，因此这要求模型拥有较高的实时性。

其次是统一流（streaming）和非流（no-streaming）模型。通常流和非流模型是分别开发的。将它们统一在一起可以极大地降低训练开销，在实际工业生产中也是首要选择。

最后是落地生产问题。要将端到端 ASR 模型推广到实际生产应用，还需要付出很大的努力。因此，开发 E2E 系统必须从模型架构、应用程序和运行平台方面仔细设计推理工作流程。由于自回归 Beam-search 解码的工作方式，大多数端到端 ASR 模型架构的工作流程极其复杂。在边缘设备（如手机）上部署模型时，还需要考虑计算成本和内存成本。

WeNet 团队推出的产品 WeNet 就是用来解决以上所述问题的一种 E2E 语音识别框架。“WeNet”中的“We”是受微信“WeChat”的启发，代表连接与分享；“Net”是从 Espnet 中取出来的。WeNet 参考了许多优秀的 Espnet 设计。Espnet 是端到端语音研究较为流行的开源平台，它以端到端 ASR 为主，以广泛使用的动态神经网络工具包 Chainer 和 PyTorch 为主要的深度学习引擎。WeNet 的设计主要目的是缩小端到端语音识别模型的研究和生产之间的差距。

WeNet 有如下优点：

• 生产第一：WeNet 把实际生产目标放在首位，WeNet 的 Python 代码符合 TorchScript 的要求，因此 WeNet 训练出来的模型能够直接使用 Torch Just In Time（JIT）与 LibTorch 相关接口。

• 流式和非流式 ASR 的统一解决方案：WeNet 采用 U2 框架，实现了精确、快速、统一的端到端架构，有利于实际生产使用。

• 轻量化：WeNet 是专门为端到端语音识别设计的，代码简洁且基于 PyTorch 及其生态所构建。所以它没有依赖 Kaldi，简化了安装和使用过程。

WeNet 的目标是解决流化、统一和生产问题，因此它的结构简单，易于构建，便于运行时应用，同时保持良好的性能。

**1. WeNet 模型架构**

U2 是 WeNet 中一个 Two-pass Joint 的 CTC/AED 模型，它能够将 CTC 与 AED 两种模型有机地结合起来，以处理流 / 非流式数据。如图 3-10 所示，U2 模型可分为三个部分：Shared Encoder、CTC Decoder 与 Attention Decoder。Shared Encoder 是一个共享的编码器，包含了若干 Transformer 或者 Conformer 层。CTC Decoder 包含了一个线形层，它可以把 Shared Encoder 的输出转化并传输给 CTC 的激活函数；Attention Decoder 则由若干 Transformer decoder 层组成。在 U2 解码过程中，CTC Decoder 在第一阶段负责流模式，而 Attention Decoder 在第二阶段根据 CTC Decoder 与 Shared Encoder 的输出得到更加准确的结果。

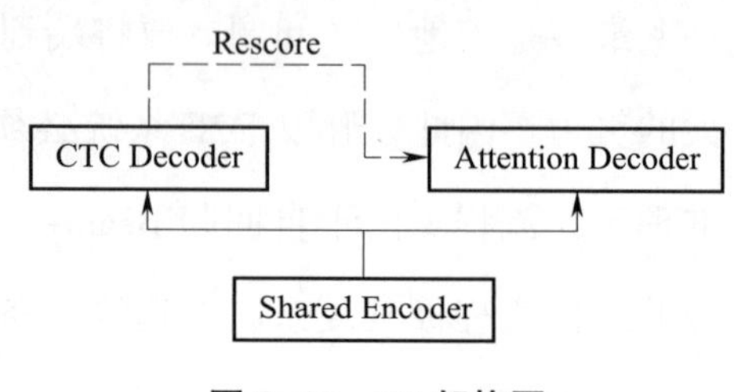

**图 3-10　U2 架构图**

（1）训练。当 Shared Encoder 不需要完整语句的信息时，U2 可以在流模式下工作。U2 使用动态分块训练的技术来统一流 / 非流式模型。首先，输入按固定的块大小 $C$ 分成若干块［$t+1$，$t+2$，…，$t+C$］，每个块都关注自身与前面的块，CTC Decoder 第一次输出的延迟只取决于块的大小。当块大小受到限制时，它以流的方式工作；否则它将以非流模式处理序列。其次，在训练中块大小是动态变化的，包括从 1 到当前训练语句的最大长度，因此训练模型可以学习在任意大小块的情况下对序列进行预测。较大的块大小会带来较长的延迟，因此 U2 可以通过在运行时调整块大小在准确率与模型速度两方面进行取舍。

（2）解码。WeNet 支持以下四种解码方式：

- attention：对模型的 AED 部分使用标准的 beam search 算法；
- ctc_greedy_search：在 CTC 部分使用贪心算法，这种方法比其他模式速度更快些；
- ctc prefix beam search：使用 CTC prefix beam search，进行帧级别的解码，合并相同的 CTC 序列前缀；
- attention rescoring：首先在 CTC 部分使用 CTC prefix beam search 算法生成 $n$ 个候选对象，然后在 AED 解码器部分用相应的编码器输出对 $n$ 个最佳候选对象进行的重新

评分。

**2. WeNet 系统设计**

WeNet 系统架构如图 3-11 所示，它的底层栈完全基于 PyTorch 及其生态，中间栈包括两个部分。当开发了一个科研模型后，TorchScript 可用来开发模型，TorchAudio 则是被 On-the-fly 用来抽取特征的，Distributed Data Parallel（DDP）用来分布式训练模型，Torch Just In Time（Torch JIT）用来模型导出（对应图中导出部分），PyTorch Quantization 用来量化模型，LibTorch 则为产品运行提供服务，LibTorch Production 用于托管生产模型，旨在支持各种硬件和平台，如 CPU、GPU（CUDA）Linux、Android 和 iOS。顶层堆栈显示了对生产管道的典型研究 WeNet。下面将介绍这些模块的详细设计。

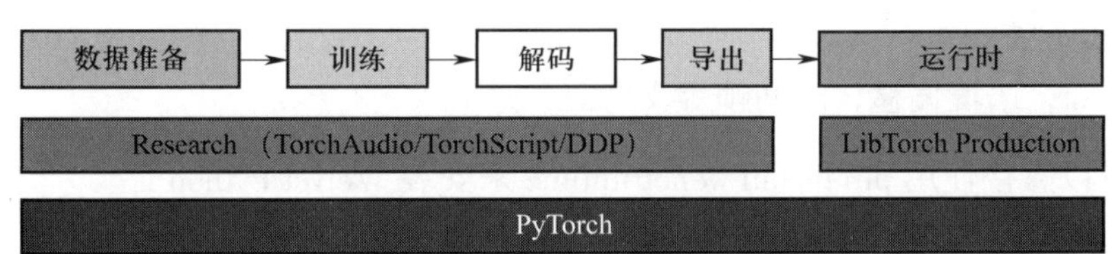


**图 3-11　WeNet 系统架构图**

（1）数据准备。在数据准备阶段不需要任何离线特征提取，因为 WeNet 在训练时是实时特征提取的。WeNet 只需要一个 Kaldi 格式的文本信息、一个 wav 列表文件和一个模型字典来创建输入文件。

（2）训练。On-the-fly Feature Extraction：基于 TorchAudio，它可以生成与 Kaldi 相同的梅尔滤波器组特征。由于该特征是实时从原始 PCM 数据中提取的，因此可以同时在时间、频率和特征层面对原始 PCM 进行数据增强，提高了数据的多样性。

Joint CTC/AED Training：加快了训练的收敛速度，提高了训练的稳定性，并能得到更好的识别结果。

Distributed Training：WeNet 支持在 PyTorch 中使用 Distributed DataParallel 进行多 GPU 训练，以充分利用多 Worker 多 GPU 资源来实现更高的线性加速比。

（3）解码。提供了一组 Python 工具来识别 wave 文件并计算不同解码模式下的准确率。这些工具帮助用户在将模型部署到生产环境之前验证和调试模型。

（4）导出。由于 WeNet 模型是在 TorchScript 中实现的，因此可以通过 Torch JIT 直接安全地输出到生产环境中。然后导出的模型可以在运行时使用 LibTorch 库托管，同时支持 float-32/int-8 量化模型。在嵌入式设备（如基于 ARM 的 Android 和 iOS 平台）上，使用量化模型可以将推理速度提高一倍甚至更多。

（5）运行时。WeNet 支持在两种 x86 以及 ARM 主流平台上托管 WeNet 生产模型，并提供了两个平台的 C++ API 库和演示 DEMO，用户还可以使用 C++ 库实现他们的自定义系统。

### （二）WeNet：Python binding

WeNet 的 Python 接口有如下特点：

- 多语言支持，支持中文、英文语言；
- 非流 / 流式 API；
- N-best，语境偏移，时间帧等支持。

读者可以直接使用 pip install wenetruntime 来安装 WeNet Python 库。

#### 1. 非流式

流式和非流式，作为 WeNet 的两种关键工作模式，各自在特定的应用场景中发挥着重要作用。流式语音识别在实时交互、实时转写等领域具有广泛的应用。在流式模式下，WeNet 可以逐帧地对输入的语音数据进行识别，无须等待全部语音数据输入完毕。这种实时性使得流式模式特别适合电话服务、语音助手等需要即时反馈的应用。WeNet 的流式模式能够在用户说话的同时进行实时识别，从而实现更加自然、无缝的用户体验。而在另一方面，非流式模式在处理大量语音数据的批处理任务中表现出色。在这种模式下，WeNet 可以一次性加载大量语音数据，然后进行高效的识别。这对于语音数据集的离线处理、语音转写任务等都具有重要意义。非流式模式在处理复杂的任务时能够充分利用系统资源，从而提供更高的准确性和性能。这里提供 WeNet 使用流式、非流式模式的 Python 简单示例代码以及相关参数说明。

```
import sys
import wenetruntime as wenet
```

```
wav_file = sys.argv [1]
decoder = wenet.Decoder (lang='chs')
ans = decoder.decode_wav (wav_file)
print (ans)
```

这里也可以给 Decoder 指定特殊的参数，如：

- lang（str）：语音对应的语言，chs 对应中文，en 对应英文。
- model_dir：Runtime Model 文件夹，若未提供该参数，则 WeNet 会根据所设置语言自动下载对应文件，Runtime Model 文件夹包含如下文件：
  - final.zip runtime：TorchScript ASR 模型；
  - units.txt：模型单元文件；
  - TLG.fst：可选，当提供 TLG.fst 文件时将使用 LM 解码；
  - words.txt：可选，用于 TLG.fst 解码的字级符号表。
- nbest：输出 top-n 最好的结果。
- enable_timestamp：是否启用字级时间戳。
- context：上下文 bias 词列表。
- continuous_decoding：是否启用连续（长）解码。

**2. 流式**

部分变量含义参考 1. 非流式

```
import sys
import wave
import wenetruntime as wenet
test_wav = sys.argv [1]


with wave.open (test_wav, 'rb') as fin:
    assert fin.getnchannels ( ) == 1
```

```
    wav = fin.readframes (fin.getnframes(  ))

decoder = wenet.Decoder (lang='chs')
# 每 0.5s 解码一次，这里假定 wav 是 16k, 16bits
interval = int (0.5 * 16000) * 2
for i in range (0, len (wav), interval):
    last = False if i + interval < len (wav) else True
    chunk_wav = wav [i: min (i + interval, len (wav))]
    ans = decoder.decode (chunk_wav, last)
    print (ans)
```

这里每次仅读取部分语音（0.5 s），而后使用 WeNet 解码，并打印。

### （三）WeNet：AIShell 示例

#### 1. WeNet 安装

- 如果只是想把 WeNet 当作 Python 库使用，那么直接使用 pip 命令即可，如下所示：

```
pip3 install wenetruntime
```

- 如果是想使用 WeNet 训练、部署，则首先 clone WeNet 代码，如下所示：

```
git clone https://github.com/wenet-e2e/wenet.git
```

- 也可使用 conda 创建对应的 Python 环境，如下所示：

```
conda create -n wenet python=3.8
conda activate wenet
pip install -r requirements.txt
conda install pytorch=1.10.0 torchvision torchaudio=0.10.0 cudatoolkit=11.1 -c
pytorch -c conda-forge
```

- （可选）如果打算使用 x86 runtime 或语言模型（LM），需要按照如下方式构建：

```
# runtime build requires cmake 3.14 or above
cd runtime/libtorch
mkdir build && cd build && cmake -DFST_HAVE_BIN=ON .. && cmake --build.
```

而后可以进入 WeNet 的 AIShell 文件夹，如下所示：

```
cd example/aishell/s0
```

**2. 数据下载**

在使用示例代码下载对应数据集前，需要修改 s0 文件夹下的 run.sh 中的 data 变量，将其修改为打算存储的路径 AIShell 数据集，若已有该数据集则可将其设置为对应的本地数据集路径。如：

```
data=/home/username/workplace/datasets/asr-data/OpenSLR/33/
```

而后在 s0 文件夹下调用命令：

```
bash run.sh --stage -1 --stop-stage -1
```

或使用 sh 脚本：

```
local/download_and_untar.sh        data_aishell
local/download_and_untar.sh        resource_aishell
```

其中 data 变量为数据集下载存储路径，data_url 为对应数据集下载 url：www.openslr.org/resources/33。

**3. 训练数据准备**

在这个阶段会使用 local/aishell_data_prep.sh 将前一阶段下载的数据用如下两种文件进行组织：

- wav.scp：记录 wav 文件的 id（wav_id）和对应的路径（wav_path）；
- text：记录 wav 文件的 id（wav_id）和对应的文本标签（text_label）。

可以直接使用 WeNet 提供好的 run.sh 脚本来执行这一命令：

```
bash run.sh --stage 0 --stop-stage 0
```

或者使用命令行脚本：

```
local/aishell_data_prep.sh ${data}/data_aishell/wav \ ${data}/data_aishell/transcript
```

命令执行完毕后生成文本部分样本如下所示：

```
wav.scp
BAC009S0002W0127 /home/cike/workplace/datasets/asr-data/OpenSLR/33//data_aishell/wav/train/S0002/BAC009S0002W0127.wav
BAC009S0002W0128 /home/cike/workplace/datasets/asr-data/OpenSLR/33//data_aishell/wav/train/S0002/BAC009S0002W0128.wav
BAC009S0002W0129 /home/cike/workplace/datasets/asr-data/OpenSLR/33//data_aishell/wav/train/S0002/BAC009S0002W0129.wav
BAC009S0002W0130 /home/cike/workplace/datasets/asr-data/OpenSLR/33//data_aishell/wav/train/S0002/BAC009S0002W0130.wav
BAC009S0002W0131 /home/cike/workplace/datasets/asr-data/OpenSLR/33//data_aishell/wav/train/S0002/BAC009S0002W0131.wav
BAC009S0002W0132 /home/cike/workplace/datasets/asr-data/OpenSLR/33//data_aishell/wav/train/S0002/BAC009S0002W0132.wav
BAC009S0002W0133 /home/cike/workplace/datasets/asr-data/OpenSLR/33//data aishell/wav/train/S0002/BAC009S0002W0133.wav

text
BAC009S0002W0132 放松 了 与 自 我 需求 密切 相关 的 房贷 政策
BAC009S0002W0133 其中 包括 对 拥有 一 套住 房 并 已 结清 相应 购房 贷款 的 家庭
BAC009S0002W0134 为 改善 居住 条件 再次 申请 贷款 购买 普通 商品 住房
BAC009S0002W0135 银行 业金 融机 构 执行 首套 房贷 款 政策
BAC009S0002W0136 这个 后来 被 称 为 九三零 新政 策 的 措施
```

如果你想要使用自定义的数据的话，那么你只需要提供对应数据的 wav.scp 文件与 text 文件即可。

**4. 提取 cmvn 特征**

example/aishell/s0 将原生的 wav 文件作为输入，以及使用 TorchAudio 库来实时抽取特征，因此这一步接下来的实例仅仅将训练的 wav.scp 以及 text 文件拷贝到了 raw_wav/train/ 文件夹中：

```
bash run.sh --stage 1 --stop-stage 1
```

部分控制台输出如下：

```
using resample and new sample rate is 16000
processed 1000 wavs, 451138 frames
processed 2000 wavs, 911231 frames
processed 3000 wavs, 1364090 frames
processed 4000 wavs, 1814260 frames
…
```

**5. 生成标签字典**

这里需要生成一个字典用于词（token）到整数下标（index）的映射：

```
bash run.sh --stage 2 --stop-stage 2
```

生成字典部分示例如下：

```
…
龄 4228
龙 4229
龚 4230
龟 4231
<sos/eos> 4232
```

**6. 准备 WeNet 数据类型**

这一步主要生成的是 WeNet 所需要的 data.list，该文件中每一行都是一个 json 格式的文本字符串，包含了如下数据：

- key：语音的键（id）。
- wav：语音的音频文件路径。
- txt：语音对应文本，在训练阶段会把这些文本分词后用于训练，如下所示：

```
bash run.sh –stage 3 --stop-stage 3
```

生成的 data.list 文件在 data/train/ 文件夹下，其部分样本如下：

```
{"key": "BAC009S0002W0138", "wav": "/…/BAC009S0002W0138.wav", "txt": "提高公积金缴存职工住房"}
{"key": "BAC009S0002W0139", "wav": "/…/BAC009S0002W0139.wav", "txt": "支持缴存职工改善自住住房"}
```

**7. 神经网络训练**

- 多 GPU 训练

如果使用 DDP 模式，那么建议设置变量 dist_backend="nccl"。如果 NCCL 无法正常工作，那么可以试试 gloo 或者设置 torch=1.6.0，并且指定可用 GPU，如 export CUDA_VISIBLE_DEVICES="0, 1, 2, 6, 7" 设置 torch 可用 GPU 为 1、2、6、7 号 GPU。

- 断点恢复训练

可能你的实验跑了几个 Epoch 就被某些意外因素中断（如内存溢出、显存不足），你可以在检查点模型基础上继续训练，只需要在 exp/your_exp/ 文件夹下找到对应完成的 Epoch，并设置 checkpoint=exp/your_exp/$n.pt，运行 run.sh --stage 4，而后模型将会从 $n+1.pt 继续训练。

- 设置

你可以在一个 YAML 格式文件中设置神经网络的优化参数、损失参数以及数据集。

**8. 使用训练好的模型识别 wav 音频**

这里可以使用训练好的模型来识别对应 wav 音频文件，直接调用 bash run.sh --stage 5 --stop-stage 5 即可开始测试模型。如果使用的是已预训练好的模型，那么需要在 run.sh 中修改 dir 变量，修改为对应预训练好的模型路径，如 dir=exp/pre-trained_model。需要注意的是，WeNet 部分预训练模型可通过 URL：https://github.com/wenet-e2e/wenet/blob/main/docs/pretrained_models.md 获取。

测试过程中部分输出如下：

```
INFO BAC009S0901W0162 中国指数研究院最新数据显示
INFO BAC009S0901W0377 判决结果成为他能否参加里约奥运的变数
INFO BAC009S0905W0236 东部沿海先导农业区
INFO BAC009S0901W0163 深圳环比上涨百分之七
INFO BAC009S0901W0378 据韩国体育首尔的最新消息
```

### （四）x86 平台使用 WeNet 进行语音识别

WeNet 基于 PyTorch 框架进行语音识别、模型训练，在现实场景中需要使用训练好的模型进行语音识别的话还需要额外的外围组件提供服务，WeNet 也提供了基于 C++ 实现的语音识别工具与在线服务。

最简单的使用 WeNet 的方式是使用官方提供的 Docker 镜像来启用 WeNet 服务。

首先克隆 WeNet 项目，并进入 wenet/runtime/libtorch 文件夹：

```
git clone https://github.com/wenet-e2e/wenet.git
cd wenet/runtime/libtorch
```

而后使用 wget 下载预训练的模型，也可手动下载，并解压，如下所示：

```
wget
https://wenet-1256283475.cos.ap-shanghai.myqcloud.com/models/aishell/20210601_
u2%2B%2B_conformer_libtorch.tar.gz
tar -xf 20210601_u2++_conformer_libtorch.tar.gz
```

设置模型路径变量 model_dir，它将被映射到容器 /home/wenet/model 目录，然后启动 WeNet 服务，如下所示：

```
model_dir=$PWD/20210601_u2++_conformer_libtorch
docker run --rm -it -p 10086:10086 -v $model_dir:/home/wenet/model wenetorg/
wenet-mini:latest bash /home/run.sh
```

使用浏览器打开 web/templates/index.html，允许使用麦克风请求，即可通过麦克风进行实时的语音识别，如图 3-12 所示。

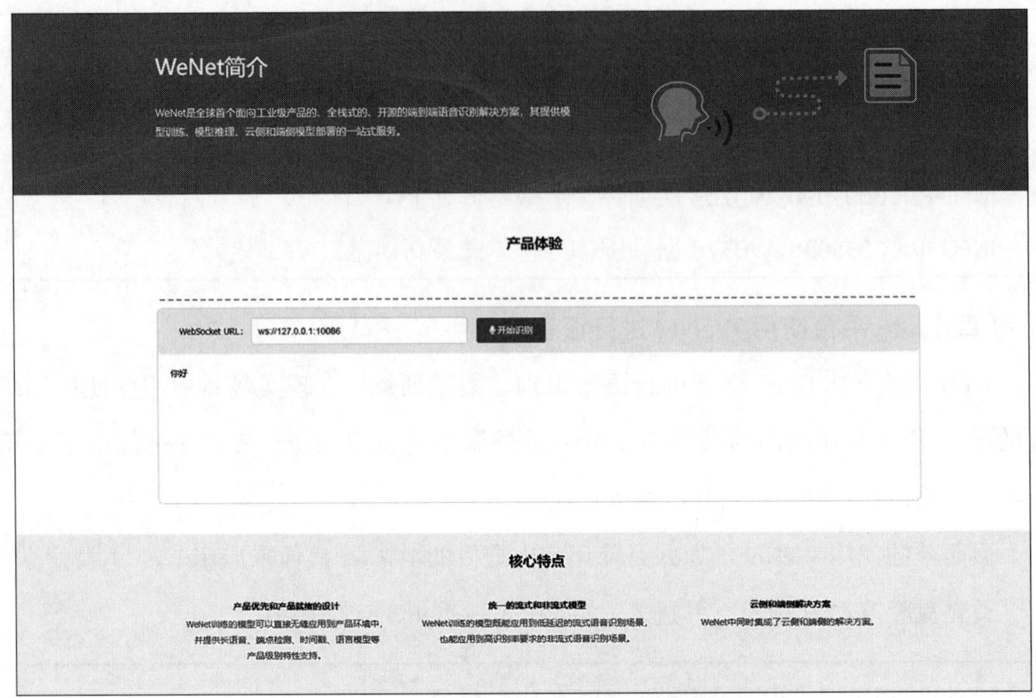


图 3–12　WeNet 网页端实时在线识别

## 思考题

1. 一个深度学习模型通常分为几个模块？分别有什么作用？

2. 什么是损失函数？设计损失函数时需要考虑哪些因素？

3. 在 PyTorch 深度学习框架中，对一个正在训练的模型的优化器多次调用 .step（ ）操作，模型的训练过程会受到什么影响？请阐述原因。

4. 什么是 Tokenizer，为什么文本数据预处理需要它？

5. 我们如何选择合适的模型训练学习率？学习率过高或过低会发生什么？

6. 模型的性能是否会一直随着模型规模的扩大而增加？如果不是，请简述原因。

7. 在实际设计深度学习的多层感知机模型中，我们是倾向于设计“更深”的模型，还是“更宽”的模型？二者有什么区别与联系？

8. 当模型收敛缓慢时应当采取哪些操作？

# 第四章
# 智能语音测试

人工智能产品一般都有比较多的交互环节，不同场景下对语音的交互方式也不尽相同，需要从主观和客户两个维度反复验证和打磨，只有这样才能不断提升用户体验。

- **职业功能：** 智能语音测试。
- **工作内容：** 单元测试保证底层算法模型功能和效果；集成测试验证在对应场景下功能和效果的可用性。
- **专业能力要求：** 能按照项目要求编写测试用例、测试报告，并对测试结果进行分析和调优。
- **相关知识要求：** 计算机基础知识；语音测试流程。

# 第一节　智能语音人工智能场景的主要测试方法

**考核知识点及能力要求：**

- 了解智能语音交互产品的主要场景；
- 了解智能语音交互产品主要场景的测试方法。

## 一、智能音箱测试方法

### （一）智能音箱产品的发展历程

智能音箱是一个音箱升级的产物，是家庭消费者用语音方式上网的一个工具，使用它可以点播歌曲、上网购物，或是了解天气预报。它也可以对智能家居设备进行控制，比如打开窗帘、设置冰箱温度、提前让热水器升温等。2014 年亚马逊率先发布了智能音箱 Echo，并内置语音助手 Alexa，通过良好的交互体验以及丰富的资源和技能，迅速占领了欧美人的客厅和卧室。随后国内各大厂商纷纷跟进，小米小爱音箱、百度小度音箱、阿里天猫精灵、京东叮咚音箱、喜马拉雅小雅音箱等先后发布，把人工智能带入我们的生活，使得人们对于语音交互的接受程度也在不断提高。

### （二）智能音箱产品交互产品实现的主要环节

智能音箱通过麦克风阵列实现远场语音交互，通过具有一定辨识度的唤醒词来启动交互，通过 ASR 技术把语音转换为文字，通过 NLU 技术理解语义并转换为下一步一系列的指令动作。例如在天气预报场景下，语音助手会查询天气并通过 TTS 进行播报；在播放歌曲场景下，语音助手会直接播放对应的歌曲；在命令控制场景下，语音助手会执行调大音量等动作。

### （三）智能音箱测试方法

智能音箱测试可以分为语音唤醒测试和对应的场景功能测试，需要分别准备测试用例。

语音唤醒测试：需要测试唤醒率和一定时间内的误唤醒次数。测试唤醒率需要考虑的因素包括距离、说话人语速、说话人性别、说话人年龄、说话人音量、噪声干扰等，根据这些条件准备测试语音。测试误唤醒次数需要模拟典型的使用场景。例如智能音箱的典型使用场景为客厅环境，会有空调声、人说话声、电视声、其他外界声音等。可以想象，如果是半夜，智能音箱突然被误唤醒播放一首歌，会是多么可怕的一件事。

场景功能测试：这里需要测试在每一个智能音箱的使用场景下，使用不同的话术，智能音箱是否都能正确识别语音，并作出相应动作。例如：在播放歌曲场景下，测试者发出“来首《青花瓷》”“播放《青花瓷》”“周杰伦的《青花瓷》”的指令，智能音箱都会最终播放同一首歌曲。同时还要考虑到播放中间打断以及多轮对话问题。

## 二、车载语音交互系统的测试方法

### （一）车载语音交互的使用场景

由于在行车过程中，人的双手需要握在方向盘上，双眼要看前方，因此使用语音进行车内控制就变为刚需。早期的车载语音交互仅支持少数几个命令词，也必须通过按键进行触发。随着智能车载系统以及车联网的不断发展，Siri、Alexa 等的语音助手也被引入车载系统中，通过语音唤醒触发交互，并和车机进行多轮对话。

人们使用车载语音交互系统有一部分场景是和智能音箱重合的，例如播放歌曲、询问天气、闲聊等。也有一些车载语音交互系统独有的功能，例如车内设备控制、导航等。

### （二）车载语音交互系统的测试方法

车载语音交互系统的测试方法和智能音箱的测试方法基本相同，但也有两点特殊的地方。

一是背景噪声。车载场景下会有比较多的风噪、发动机噪声、胎噪等。例如要测试不同风噪对语音交互的影响，需要在不同时速下，测试车窗完全关闭、车窗关闭一

半、车窗完全打开等情况下，语音唤醒和语音交互的效果。

二是问路导航。相比智能家居，问路导航是一个相对高频的车载使用场景。这里对于语音识别和语义理解比较重要的一点是要准确识别出地名等信息。

### 三、语音机器人的测试方法

可以认为语音机器人是带有智能交互功能的一类系统的泛指。从某种意义上来说，前面提到的智能音箱、车载语音交互系统也可是语音机器人的一种，一个典型的例子是蔚来汽车的车载机器人 NOMI。除此之外，还有主要面向儿童的智能陪伴机器人、面向企业服务的登记问询机器人等。这些机器人需要测试的内容也是语音唤醒，以及语音交互两类，只是面向的人群不同、使用场景不同，需要准备的测试用例略也不同。例如，如果是要测试智能陪伴机器人，就要重点考虑儿童的音色、说话特点以及应用场景的语料特点（例如教育教学场景）；要测试登记问询机器人，就要考虑嘈杂的外部噪声对语音交互的影响。

## 第二节　智能语音应用主要组件的功能及性能测试方法

**考核知识点及能力要求：**

- 了解智能语音应用的主要组件；
- 了解智能语音应用的各组件测试方法。

## 一、语音识别组件的功能及测试方法

语音交互系统的第一步就是要把声音信号转换为机器可以理解的内容，接下来才是语义理解和展现输出。这里没有使用语音而是用声音，是因为虽然大多数情况下，语音交互系统是要识别人的说话内容，但有些特定场景下，不包含文字内容的声音也有对应的语义。例如智能家居环境下，检测到婴儿的啼哭时可以进行安全报警；可以识别说话人的性别或者角色，推荐有针对性的内容等。通常语音交互系统中，语音识别可以分为如下功能组件。

- 语音唤醒：通过说出唤醒词触发语音交互。测试方法在上一节中也提到过，需要关注唤醒率和一定时间内（一般为 12 小时或 24 小时）特定环境下的误唤醒次数。

- 语音识别：将说话声音转换为文字。主要的测试指标为字错误率（WER）和句识别正确率。句识别正确率的计算方法如下：句识别正确率 =（被测系统正确识别的句子数量 ÷ 标注的总句子数量）× 100%。对于识别错误的句子在不同的情况下可以有不同的评判细则，例如对于标点符号、时间、数字、比分、停用词等，可以有多种表示方式，或是对不影响整体意思的都可以判定为识别正确。字错误率的计算方法略微有些复杂。首先，我们定义 3 种识别的错误类型：插入错误、删除错误、替代错误。插入错误可以理解为多字，删除错误可以理解为少字，替代错误可以理解为错字。所以字错误率的计算方法为：字错误率 =（插入错误字数 + 删除错误字数 + 替代错误字数）÷（插入错误字数 + 替代错误字数 + 删除错误字数 + 识别正确字数）× 100%。

- 声音分类：主要测试指标为准确率（precision）、召回率（recall）、F1 值。这几个指标是根据混淆矩阵计算而得。混淆矩阵由 4 部分组成：

TP：True Positive，将正类预测为正类数；

TN：True Negative，将负类预测为负类数；

FP：False Positive，将负类预测为正类数；

FN：False Negative，将正类预测为负类数。

根据这 4 部分，可以得到准确率、召回率、F1 值的计算公式：

$$precision=TP/(TP+FP) \tag{4-1}$$

$$recall=TP/(TP+FN) \quad (4\text{–}2)$$

$$F1=2\times precision\times recall/(precision+recall) \quad (4\text{–}3)$$

● 说话人识别：识别说话人身份，也可以称为声纹识别。声纹识别的测试指标有些类似声音分类指标，可以通过混淆矩阵计算出：错误拒绝率（FRR）、错误接受率（FAR）、等错误率（EER）。其中 EER 为调整阈值使得 FRR 等于 FAR 时的值。

### 二、语音合成组件的功能及测试方法

语音合成的功能和语音识别正好相反，它是将文字转换为语音，一般是语音交互的最后一个环节。衡量语音合成的效果，可以有很多的维度，例如音质、音准、音调、语速、情感等。对于汉语，大量的多音字也是影响语音合成效果的一个重要维度。测试语音合成系统目前使用的方法偏主观，使用平均意见分（mean opinion score，MOS）方法来评估。具体操作是让一些测评人员对语音合成的语音效果进行打分，分值为 1~5 分，所有测评人员的平均分即最终的 MOS，MOS 分值越高代表语音合成的效果越好。

## 第三节　智能语音算法和模型的测试方法

**考核知识点及能力要求：**

- 掌握算法模型性能评估的指标；
- 了解系统稳定性评估以及指标体系；
- 熟悉语音算法模型测试方法和常见问题。

## 一、评估算法和模型性能的指标

### （一）准确率（accuracy）、精确率（precision）、召回率（recall）

根据混淆矩阵包含的 4 部分，可以得到准确率、精确率、召回率：

accuracy=（TP+TN）/（TP+TN+FP+FN） （4–4）

precision=TP/（TP+FP） （4–5）

recall=TP/（TP+FN） （4–6）

### （二）F1 值、ROC 曲线与 AUC 指标

很多情况下会出现版本 A 相对版本 B 的模型精确率更高，但召回率低一些，如何评判版本 A 和 B 哪个更好呢？我们引入综合评判的 F1 值来辅助判断。F1 值是精确率和召回率的调和均值，计算公式如下：

F1=2 × precision × recall/（precision+recall） （4–7）

上面提到的精确率、召回率、F1 值都是模型在某一特定阈值下的结果。例如，模型在数据或是参数等方面改动相对比较小、推荐阈值不变的情况下，我们衡量两个不同版本的模型好坏，可以通过综合比较精确率、召回率、F1 值来确定。一旦模型训练样本分布发生了较大变化，或是连模型结构都发生了改变，那么就要考虑阈值的影响了。这时，可以使用 ROC 曲线以及 AUC 指标来指导判断。

ROC（receiver operating characteristic）曲线的中文名称是受试者工作特征曲线，即不同分类阈值下 TPR（true positive rate）和 FPR（false positive rate）构成的曲线。TPR 和 FPR 的计算还要用到我们前面提到的混淆矩阵。

TPR=TP/（TP+FN） （4–8）

FPR=FP/（FP+TN） （4–9）

那么，每一个阈值下都会计算得出一组 TPR 和 FPR，我们把 FRP 作为横坐标，TPR 作为纵坐标，在坐标轴上把这些点绘制出来，就是 ROC 曲线。ROC 曲线越靠近左上角，模型的准确性就越高。ROC 曲线下的面积就是 AUC（area under curve），AUC 越大，模型的分类效果越好。

以上提到的精确率、召回率、F1 值、ROC 曲线、AUC 指标都是针对二分类模型

的，如果是多分类，我们可以按照多个二分类使用这些指标进行评估，同时也可以使用其他指标，例如平均精度均值（mean average precision，MAP）来进行评估。

### （三）可靠性评估

传统的软件可靠性评估模型主要应用于软件测试、验证或运行阶段，它将软件看作一个整体，仅仅考虑软件的输入与输出，而不考虑软件内部结构。而目前的软件可靠性评估技术主要是基于失效数据的，只能在测试阶段进行。深度学习算法的模型结构会持续发生变化，且与运行的软硬件环境、训练数据的质量等有很强的相关性。

### （四）响应时间

语音识别的响应时间包括平均响应时间和平均子句响应时间。

语音识别响应时间指的是接收到一条语音后，被测系统给出该条语音识别结果的时间；语音识别平均响应时间是测试数据集上所有语音识别响应时间与输入语音总条数的比值。计算方法如下：

$$T_{avr}=\frac{\sum_{i=1}^{N}(t_r^i-t_e^i)}{N} \tag{4-10}$$

式中 $T_{avr}$——语音识别平均响应时间；

$t_r^i$——得到第 $i$ 条语音识别结果的时刻；

$t_e^i$——第 $i$ 条语音输入结束的时刻；

$N$——输入语音总条数。

语音识别子句响应时间指的是接收到一条语音后，被测系统给出该条语音中某一子句识别结果的时间。语音识别平均子句响应时间是测试数据集上所有语音识别子句响应时间与输入语音总条数的比值。计算方法如下：

$$T_{avsr}=\frac{\sum_{i=1,\ j=1}^{N}(t_r^{ij}-t_e^{ij})}{N} \tag{4-11}$$

式中 $T_{avsr}$——语音识别平均子句响应时间；

$t_r^{ij}$——得到第 $i$ 条语音中第 $j$ 个子句识别结果的时刻；

$t_e^{ij}$——第 $i$ 条语音中第 $j$ 个子句输入结束的时刻；

$N$——输入语音总条数。

## 二、语音交互系统稳定性

语音交互系统稳定性测试内容包括稳定运行和资源使用等参数。

第一，稳定运行。检测在给定的软硬件配置和系统并发路数的条件下，被测系统运行语音交互的各项功能，是否出现崩溃、假死或功能异常，是否符合性能要求，是否能持续正常运行。

第二，资源使用。检测在给定的软硬件配置和系统并发路数的条件下，被测系统运行语音交互各项功能，系统物理内存、虚拟内存、CPU、GPU、句柄、网络资源等各项资源使用率持续平稳的能力。

需要注意的是，给定的软硬件配置和系统并发路数需满足被测系统正常运行的要求。

## 三、执行测试

### （一）测试用例的选择

智能语音模型中，首先要明确模型种类以及对应指标，指标为前文所述的性能指标和可靠性指标。然后就是测试用例的选取。由于是智能语音模型，测试用例可以认为是音频样本或是文本样本。样本选取要考虑以下维度：

- 从内容维度，需要考虑不同的话题或标签，如新闻、财经、天气、娱乐等。测试集要尽量覆盖应用场景的所有内容分类。
- 从环境维度，需要考虑不同的环境影响因素，如性别、年龄、信道、噪声类型。测试集要尽量覆盖应用场景的所有环境信息。
- 从数据规模维度，需要考虑整体的测试样本数据量和不同类别的数据量。测试集需要保证每个分类有一定的测试样本，保证测试结果是稳定可信的。
- 从样本来源维度，测试集的选取可以是多种来源，例如，线上样本标注、线下样本录制、定点样本收集，要最大程度地扩大样本量和提高样本覆盖度。

### （二）测试类型

传统的软件测试类型可以有如下分类：按照是否查看程序内部结构，分为黑盒测

试和白盒测试；按照是否运行程序分为静态测试和动态测试；按照阶段分为单元测试、集成测试、系统测试、验收测试；按照软件特性分为功能测试、性能测试、稳定性测试等。对于算法模型测试来说，测试类型和传统的测试也是一致的。

### （三）测试方法

智能语音模型算法如果是单纯测试模型，一般的测试方法为根据准备好的样本，通过测试脚本自动运行测试数据，并通过程序统计指标，出报告进行分析。如果把算法模型已经封装好作为系统的一个模块，那么还会有整体系统的集成测试，包括功能、性能等。通过人工验证，或是通过脚本、框架进行自动化测试。

### （四）测试中可能出现的一些问题

算法模型测试中，可能会出现测试样本的预期结果和实际运行结果不一致的情况，先要明确这是一个缺陷还是一个效果问题。因为模型学习的是一个特定的数据分布，不太可能保证百分之百的准确率和召回率（如果出现百分之百的准确率和召回率，有一定概率是模型出现了过拟合的现象）。例如模型的阈值是 0.5，但某个样本对应分类的打分为 0.49，导致识别错误，那么这个问题就是一个效果问题，需要通过数据手段或技术手段优化模型解决；但如果对应分类打分为负值或是一个大于 1 的值，那么这就是一个缺陷，需要通过进一步定位代码来解决。

算法模型测试另一个经常出现的问题是不同的测试集表现出的结果差异很大。首先要保证测试指标和测试目的是一致的，然后看测试的维度是否一致，例如一个测试集组成主要是新闻场景的数据，一个测试集组成主要是天气类的数据，如果结果差异大，那么说明模型的场景覆盖度低。

## 思考题

1. 智能语音算法性能评估指标有哪些？这些指标对于产品的影响是什么？
2. 智能语音算法稳定性评估指标有哪些？这些指标对于产品的影响是什么？
3. 你在生活中使用过哪些智能语音产品？作为一个用户你会关注哪些功能和体验？
4. 作为一个算法工程师，如何判断正在训练的模型比基线效果更优？
5. 假定你是某款智能音箱产品的测试工程师，请出具一份具体的测试方案。

# 第五章 智能语音产品交付

一个软件开发的完整生命周期包括需求定义与分析、设计、实现、测试、交付和维护。而软件产品交付，是需求实现的最后一个环节，但交付不是“将代码部署到测试环境，测试通过后，即可上线”一句话这么简单，交付过程涉及复杂的流程、团队协作、交付方式和交付工具等，其中任何一点都会影响到产品的整个生命周期。产品交付是直接与客户对接的，因此，该环节很大程度上影响了客户的满意程度。

本章第一节先从产品经理的角度来分析智能语音产品的应用场景，接着介绍智能语音产品的交付过程、交付要素以及持续交付。在第二节中，介绍智能语音产品交付文档的规范和撰写要求。第三节介绍智能语音产品的主要组件和安装、配置、调试方法。

- **职业功能：** 智能语音产品交付。
- **工作内容：** 根据项目前期的软件设计展现开发成果；负责与客户方沟通，协调开发成果最终的项目验收工作。总体而言，软件交付主要包含系统演示（用户培训）、系统部署、后期维护三方面内容。从最终交付物的角度来看，系统演示（用户培训）交付物主要包括培训材料、系统演示（模拟操作）以及用户答疑。系统部署交付物主要包括部署文档、系统部署（现场或者远程支持）和系统可用测试、清理测试数据。后期维护交付物主要包括需求变更评估、系统升级（新需求开发、漏洞修复）以及维护支持（现场或者远程支持）。

- **专业能力要求：**能按照项目要求与用户沟通，协调前后场人员；能根据不同的语音应用工具或产品编写各类测试用例、测试报告、用户手册和交付文档；能准确收集用户的相关需求。
- **相关知识要求：**计算机基础知识；智能语音应用工具或产品的测试流程；智能语音应用工具或产品的技术支持和实施交付流程。

# 第一节　智能语音产品的使用场景和交付方法

**考核知识点及能力要求：**

- 了解智能语音产品的产业历程；
- 了解智能语音产品实现的主要环节；
- 了解人们使用智能语音产品的动机；
- 熟悉智能语音产品的交付流程和方法；
- 掌握各类测试用例、测试报告、用户手册和交付文档的编写方法；
- 准确理解和把握用户的需求，掌握协调后场人员完成产品交付工作的能力。

## 一、从产品经理的视角分析智能语音产品的使用场景

### （一）智能语音产品的产业历程

在智能语音产品这半个多世纪的产业历程中，共有三个关键节点，其两个和技术有关、一个和应用有关。

第一个重要节点是 1988 年，基于隐马尔可夫模型的语音识别系统——Sphinx 诞生。1986—2010 年，混合高斯模型的算法得到了持续改进，并且逐步被应用到语音识别中，基于该算法的语音识别的效果也得到了改善。但是在此阶段过后，语音识别技术开始遭遇瓶颈。由于数据规模和硬件计算能力的限制，语音识别的准确率很难超过 90%。在 1998 年前后，IBM、微软都曾经推出和语音识别相关的软件产品，受制于准确率不够高的问题，最终并未取得成功。

第二个重要节点是 2009 年，从那时起计算机硬件计算能力得到了逐步提高，深度学习开始兴起，深度学习算法被系统应用到语音识别领域当中，导致语音识别的准确率再次得到大幅度的提升，最终突破了 90%，甚至在标准环境下，达到了逼近 98% 的效果。在此过程当中，也涌现出了一大批产品，比如 Siri、GoogleAssistant 等。

第三个重要节点是 AmazonEcho 的出现。从所采用的技术以及产品功能的角度来看，AmazonEcho 相比于 Siri 等产品，并没有本质上的技术革新，其核心变化，只是把近场语音交互扩展成了远场语音交互。然而，远场语音交互功能的实现，极大地提升了智能语音产品的易用性。AmazonEcho 于 2015 年 6 月开始面世，到 2017 年为止，其销量已经超过了千万，同时在 AmazonEcho 上的 Alexa 语音助手渐成生态，其后台的第三方技能已经突破 10 000 项。借助产品落地时从近场交互到远场交互的这一突破，亚马逊从这个赛道的落后者，一跃成为行业的领导者。

### （二）智能语音产品实现的主要环节

智能语音交互技术的实现包括三个环节：听、语义理解、说。

- 听：计算机识别语音后，使用 ASR 技术转换成文字。
- 语义理解：把文字输入转换为文字输出。通过语法判断、上下文理解、关系理解、知识图谱等技术理解文字的语义后，使用 NLP 技术将语音助手想反馈的回答，以文字的形式输出。
- 说：使用 TTS 技术将内存中的文字转换成语音输出。

### （三）人们使用智能语音产品的动机

语音交互的应用场景很多，在不同的场景下，人们使用语音交互的动机大致可以归纳为以下四种：①快捷高效：省去手动录入信息、省去界面操作等；②轻便性：更轻的硬件携带成本；③降低学习成本：使用语音指导用户进行操作，可以使得学习更简单；④降低被动信息获取的成本：信息抵达用户的方式更加高效，用户更容易接受。

总的来说，这四种动机的特点主要是：①快捷高效动机。主要适用于高频、复杂的场景，其中多轮对话能力、声纹识别能力和数据存储设计可以把语音交互“更

快”的优势发挥出来。②轻便性动机。语音交互可以替代某些控制设备和存储设备等。③降低学习成本的动机。主要通过发挥语音交互在学习型和引导型场景中的易用性。④降低被动信息获取的成本的动机。通过降低人机交互的成本来体现优势。

具体而言：

**1. 快捷高效**

语音交互主要的使用动机之一是快捷高效。可视化交互的方式，能把许多复杂的业务操作时间，缩短到几分钟以内，而通过引入语音交互，则可以进一步地把原本几分钟的流程，缩短为秒的级别。采用语音进行输入的速度，比采用图形化界面输入的速度更快。场景举例：市民去派出所补办身份证前进行线上预约。

方案一：在手机上找到预约的 App，按流程进行预约。找到对应的派出所，选择办理事项的类型，选择日期，最后确认预约。

方案二：对语音助手说，“帮我预约某某派出所某月某日上午的身份证挂失补办”，语音助手完成任务后，回复“已预约某月某日上午某某派出所的身份证挂失补办，请在手机上进行确认。”

在这个场景中，图形交互预约流程与语音交互预约流程的对比如图 5–1 所示。

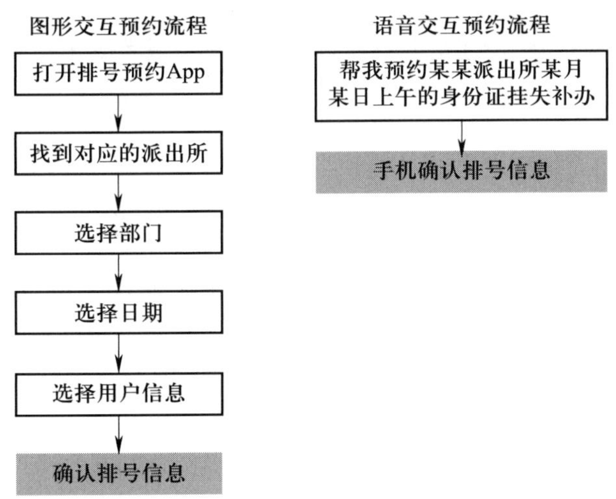


**图 5–1　图形交互和语音交互对比图**

在上述例子当中，人工智能通过强大的语义理解能力，“查找和选择”在图形化界面上操作的行为，原本图形化界面操作需要花几分钟的时间，而通过语音交互仅用几十秒便完成了。语音交互在用户熟悉、高频、复杂流程的场景中能体现出高效性，例如点餐、购物、出行等。

语音交互的快捷高效性还在以下几个方面中体现：

（1）数据存储。从用户的角度来看，在使用语音交互录入信息的时候，会希望尽量减少录入的次数。那么在录入信息后，就必须存储起来，在下次使用到的时候就可以避免重复录入。因此，语音交互的用户信息存储量有增大的趋势。随着用户信息存储量的增加，语音交互的效率提升会更加明显，“快”的优势就会进一步体现出来。数据存储在用户语音交互“更快”上会发挥重要作用。

（2）声纹识别无缝登录。声纹识别技术的应用也是语音交互“快”的重要环节。声纹识别就是以声识人，准确率高达 99.7%，目前已经应用在一些考勤、门禁系统中。这种技术用在登录上，是比“一键登录”还要快的登录方式。因为在登录过程，通过用户的一句唤醒词就能识别出用户身份，授权登录的过程便同时完成了。

（3）多轮对话。多轮对话也是体现语音交互快捷高效的重要环节。图 5–1 中政务预约的场景虽然流程看起来很短，仅通过一句话便完成信息的交互和录入，然而在实际应用的过程中，大概率会触发多轮对话。触发多轮对话的原因有可能是信息需要更改，也有可能是补充信息。比如用户选错办事地点需要更改，或者既定日期的时间约满了需要改时间等。

总的来说，多轮对话交互方式，在快捷高效性上会从下列几个方面发挥优势：

1）快速修正。语音对话在修正某个信息时，可以保证其他信息不改变。例如上面的例子中，用户选择了预约日期、办理事项类型。如果用户想修改办事的政务机构，在图形界面中需要返回到上一步，然后重新选择机构。在语音交互流程中，直接告诉语音助手再重新确认即可。

流程对比如图 5–2 所示。

因此，图形交互操作流程越长，语音交互节省的重复操作就越多，优势就越明显。

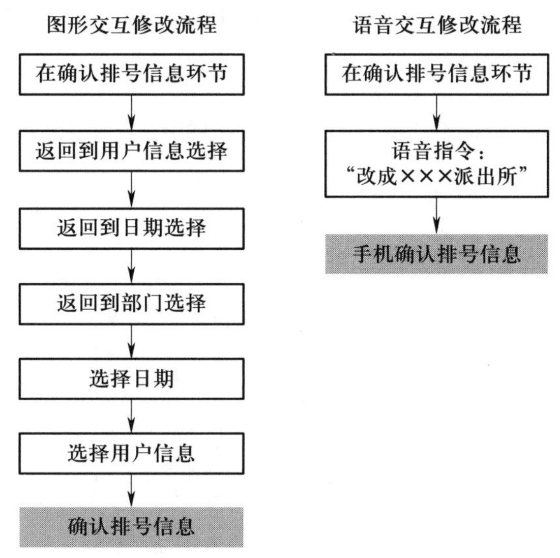


**图 5–2　图形修改和语音修改流程对比**

2）智能匹配。语音对话中，语音的智能匹配推荐，可以帮助用户节省流程中重复选择的时间。例如在政务场景中，如果用户要办理档案迁移，但是开始的时候可能不知道需要预约哪个政务机构。例如，选错了机构，选择成人力资源和社会保障局，进入界面后，却发现在办理事项类型里面，没有所需的档案迁移事项，这时候需要返回到上一级，重新选择政务机构。而语音助手的智能推荐，可以告诉用户应该选择的政务机构，从而节省用户因选错而重新选择的时间，如图 5–3 所示。

如上所示，语音智能匹配可以省略很多重复的流程，节省用户操作的时间。随着语音交互技术的发展，智能匹配推荐在语音交互中的应用无处不在，极大地提高了语音交互的效率。

3）中断衔接。智能语音具备对上下文语义理解的能力，该能力使得语音交互在对话中断后也能直接衔接上，从而避免重复。如：

某同学说：“小艺小艺，帮我预约明天上午某某医院内科的普通号。”

语音助手回答：“某某医院明天上午内科已约满，后天可以预约，我给你约个后天上午的时间好吗？”

某同学突然说：“我想听首歌。”（此时中断了挂号预约的对话）

语音助手回答：“好的，我们来听听音乐。”（音乐响起）

某同学接着说："刚才的挂号预约改为后天下午吧。"（用户衔接有关预约挂号的对话）

语音助手回答：（搜索刚才的对话记忆和用户的信息）"好的，我已经预约了后天下午某某医院内科普通号，请在手机上确认付款。"

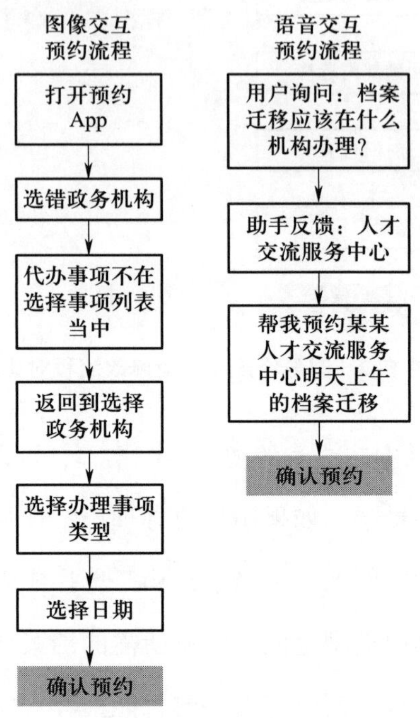


图 5–3 语音助手智能推荐

总体而言，在业务流程高频率、复杂的场景下，智能语音交互在速度上比图形交互有很多优势。

**2. 轻便性**

使用语音交互的第二个动机就是轻便性。在某些场景下，使用语音交互可以免去许多额外设备的使用。举例来说，小美是某公司的员工，今天要给部门开会，会议开始前，她将 PPT 上传到云端。公司的智能语音系统存储了所有员工的声纹信息，小美在会议室时，对语音助手说："小艺小艺，打开投影仪，打开名为人工智能调研的 PPT。"语音助手打开投影仪，查询到小美的身份，登录后访问其云盘数据，打开 PPT。以无语音交互场景和有语音交互场景为例，流程的对比如图 5–4 所示。

 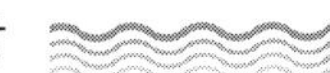

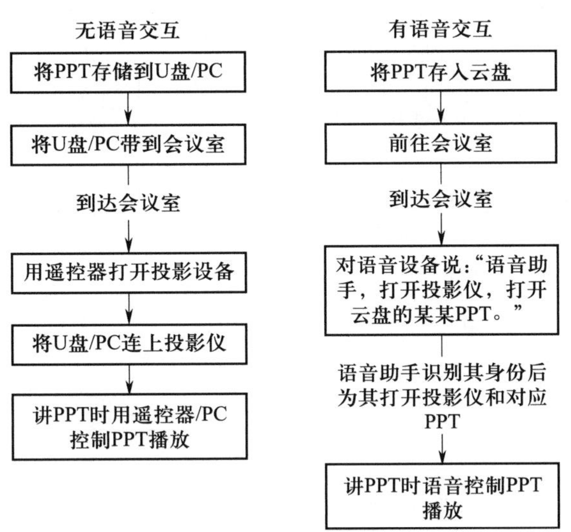


**图 5–4　语音交互带来的轻便性**

如上图所示，在有语音交互时，就不再需要 U 盘、PC 这些设备了，给用户带来了方便。

**3. 降低学习成本**

使用语音交互的第三个动机是降低学习成本，语音交互比视觉交互更适合用户的使用习惯。场景举例：一个学生刚刚开始学习视频软件，但他不记得功能键和快捷键在哪里。该学生问："PS 怎么裁剪图片？"语音助手答复："先点击顶部的菜单栏。"该学生点击后，继续问："怎么修改颜色？"语音助手继续引导："点击屏幕左边第四个菜单栏。"……以上场景图形交互与语音交互流程对比如图 5–5 所示。

如上所示，来回切换的图形交互是相当烦琐的，而且步骤越多，冗余越严重。所以，语音交互的降低学习成本动机主要出现在学习和引导型的应用场景中，比如老年人协助、儿童学习、步行导航等。语音交互的这种优势主要体现在易用性上。

易用性体现的第一个方面是智能理解。当用户提问时，语音助手通过语义理解可以智能地为用户匹配教程。语音助手还可以判断用户操作时的情况。比如用户已经选择了裁剪工具，但是比起方形裁剪工具，该情况下更适合用圆形裁剪工具，语音助手就会建议用户使用圆形裁剪工具。语音助手可以结合上下文等信息更全面地了解用户的意图。

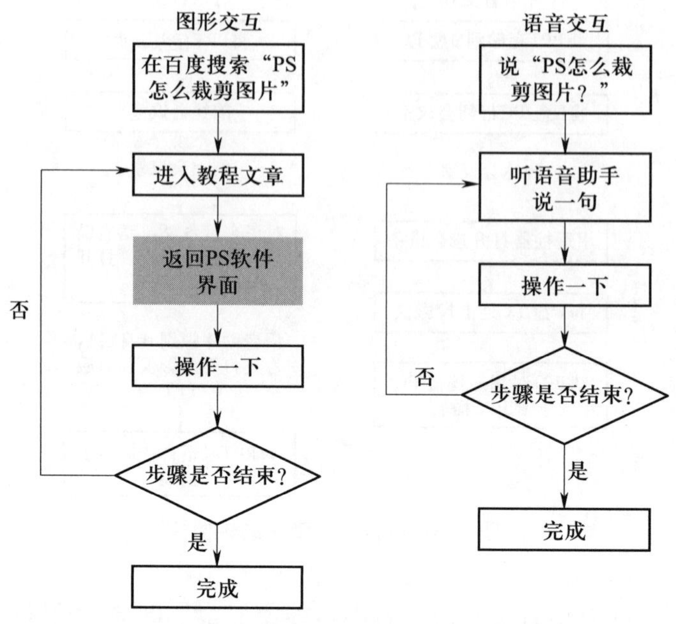


**图 5–5　语音交互降低学习成本**

易用性的第二个方面是眼耳配合。在阅读指导教程的文章时，只用视觉获取信息，学习和动手的过程不连贯，而语音教程解放用户双眼，让视觉专注于图形界面操作、听觉接收引导信息，从而使得学习过程更加连贯。

事实上，在接收文本信息时，听觉肯定不如视觉快，那么为什么听觉会更好呢?因为使用语音教程的用户和使用图形界面教程的用户相比，前者更专注于即时操作，注意力更集中，这是提高学习效率的关键。也就是说，语音教程实际上可以帮助用户创造更沉浸的学习体验。

**4. 降低被动信息获取的成本**

第四种使用语音交互的动机是降低被动信息获取的成本，或者说，信息抵达用户的方式更加高效。场景举例：重要提醒。比如某同学想设置一个 1 小时后的重要提醒事项，他没用手机提醒，而是选择了用智能音箱提醒。相比手机提醒，智能音箱提醒是一种更强的提醒。除了设置起来更简便外，音箱的大音量则可以确保该同学不会忘记这件事情。上述场景中，图形触达和语音触达流程对比如图 5–6 所示。

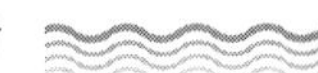

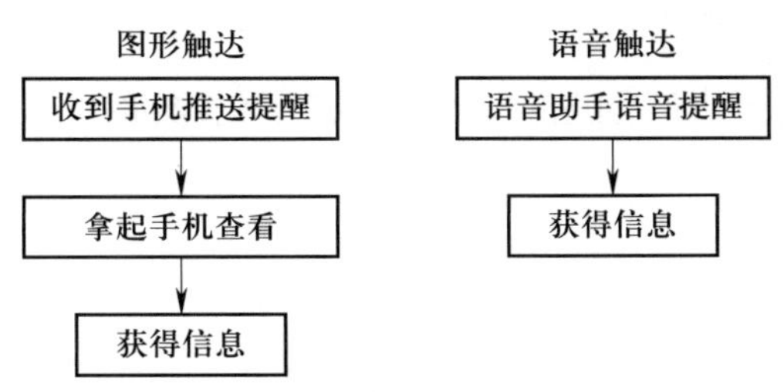


图 5-6　图形触达和语音触达对比

相比图形触达，语音触达把用户主动获取信息的这一个环节给省了，交互的成本更低。就像快递打电话让你到小区门口取和送到你家门口的区别。但是这种触达方式对环境的私密性有一定要求，公共的场景中突然收到语音提醒并不太符合人的习惯。

## 二、智能语音产品的交付

### （一）软件交付过程

#### 1. 软件交付过程所包括的步骤（见图 5-7）

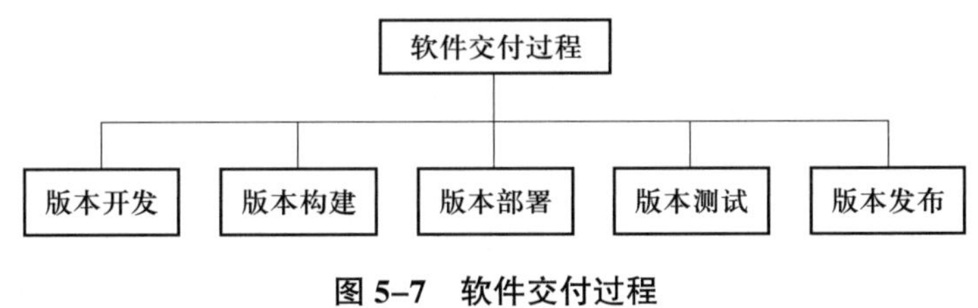


图 5-7　软件交付过程

（1）版本开发：开发人员编写完所负责模块的代码后，经过自查确认无误，将代码提交到代码库中，如使用 git。

（2）版本构建：构建出对应版本的软件安装包，也包括执行一些代码质量检查、自动化测试等。

（3）版本部署：版本安装包构建完后，就可以在测试环境进行版本的部署、安装和配置。

（4）版本测试：版本部署、安装和配置完毕后，就可以进行进一步的自动化测试，也就是系统集成测试。测试人员可以选择几个关键功能进行人工测试覆盖。软件测试是通过考虑软件的所有属性（可靠性、可伸缩性、可移植性、可重用性、可用性）和评估软件组件的执行情况来查找软件错误或缺陷并评估软件正确性的过程。

（5）版本发布：测试没有问题时，就可以把版本发布出去，发布出去的版本就可以部署到生产环境了。

从另一个角度来看，软件的交付过程实际上也是软件验收的过程。软件是否合格必须经过验证和确认，软件验收是基于软件测试的。软件验收不仅包括软件本身的验收，还包括相关文档的验收。

**2. 软件验收的目的**

（1）验证项目所交付的结果是否符合需求规格。

（2）确认项目所交付的结果在目标工作环境中能够满足使用的要求。

（3）对所获取的结果进行后续的支持和维护。

（4）项目结束。

**3. 软件验收的过程中会遇到的问题（见表 5–1）**

表 5–1　　软件验收过程常见的问题及产生原因

| 序号 | 常见问题 | 原因 |
|---|---|---|
| 1 | 系统无法彻底验收，只能将交付物归档 | “交钥匙工程” |
| 2 | 验收的系统还存在质量问题 | 缺乏需求的掌控，验收进行得不彻底 |
| 3 | 验收的系统后续维护困难 | 交付物不够完整或存在质量问题，文档质量有问题 |
| 4 | 验收占据大量时间 | 缺乏自动化的工具支持，无法进行高效的回归测试 |

**4. 验收分为验证和确认两部分**

（1）验证。评估系统功能是否与需求定义一致；验证系统在技术上是否满足某些质量标准（可靠性、性能等）。

（2）确认。评估系统是否真正满足了生产环境和业务运作的需要；确认是否需要业务部门的参与，是否需要将系统部署到实际生产环境中去进行检验。

**5. 在软件验收过程中，可以从以下五个维度对软件质量进行评估**

（1）可靠性。系统能够持续正常运行的能力。

（2）易用性。系统是否容易被业务人员所接受。

（3）可支持性。系统的可维护性、可扩展性、兼容性，是否易于安装及升级等。

（4）功能。系统是否正确实现了在需求中所定义的系统功能。

（5）性能。系统的处理能力，包括系统容量、处理速度、并发用户数量、系统响应时间等。

**6. 软件验收的原则**

（1）质量标准应可验证。

（2）尽量采用一些量化指标。

（3）验收的不仅是系统本身，还应该包括项目的所有文件。

**7. 软件验收时需要确认的内容**

（1）可靠性。开发人员应该提交代码覆盖报告并满足相应的覆盖指标；使用测试工具找出内存泄漏和系统不稳定的原因。

（2）易用性。业务建模，梳理和优化业务流程，使得流程更加灵活；组织相关人员进行必要的评估并给出改进建议，并通过变更控制委员会提交统一的变更请求。

（3）可支持性。进行多平台的安装测试，并给出各个平台的安装指南和对应平台的版本、补丁等安装必备条件。

（4）功能。开发商应提交其测试计划和测试报告；提交需求—测试用例覆盖率报告；组织业务部门进行业务功能确认测试。

（5）性能。利用测试工具对系统进行压力测试。

**8. 软件验收的注意事项**

（1）统一所有的交付件。统一交付类型、模板及其质量标准；使用通用的开发指南和通用的交付样式。统一的可交付成果有助于评审可交付成果，提高产品质量，提高可交付成果的可理解性，增强团队沟通，增强系统可维护性。

（2）建立软件验收标准体系。统一规定交付件集合及其质量标准；建立量化质量指标，确保验收的客观性和可操作性。将软件质量作为项目需求的一部分；有效执行验收指标（在有限的时间和成本下），在项目开发的各检验点（里程碑）确保验收标准的执行。

### （二）软件交付的三要素

作为一种系统工程，软件交付主要包括两个领域：软件工程和项目管理。一方面，在项目的前期，开发人员会根据软件设计展现开发结果；另一方面，客户也会对开发结果进行最终的项目验收。软件交付的三个要素包括软件交付能力、软件交付标准和软件交付成果。

**1. 软件交付能力**

软件交付能力是指软件服务提供者在软件产品的生命周期内，按照需求方的要求持续提供高质量产品和服务的综合能力。软件服务提供者的软件交付能力是软件和信息服务高质量发展的基本条件和保证。软件交付能力是集设计、技术、协作和服务于一体的综合交付能力。它是项目管理原理和方法在软件工程领域的应用。软件交付的成功与否取决于软件交付能力的强弱和交付能力建设的质量。建设软件交付能力的过程是一个持续调优和改进的循环。例如，一个交付团队首先发现自己的需求变更和发布管理较弱，所以从这两个方面进行改进，通过运用交付理论和知识，以及交付工具和方法，构建和提高协作能力和服务能力。在后续的过程中发现功能设计和客户端开发能力相对较弱，需要对设计和技术能力进行优化和提高。在这个持续优化的过程中，该团队的综合交付能力得到了提升，因此，在某种程度上，交付团队的成长过程就是软件交付能力的建设过程，软件交付能力是软件交付的命脉。

在软件交付能力建设过程中要注意以下两个问题。

（1）不同过程的交付能力水平是不均衡的，这是因为软件交付的总体生产力是由整个软件交付团队的效率决定的，而交付团队的效率又由整个软件交付过程中最弱的能力决定。

（2）软件交付能力的建设思维模式是先局部后整体，导致整个软件生命周期中存在较多的能力竖井。这是因为不同的工作团队使用不同的流程，不同的流程由不同的工具实现。最后，信息无法在不同的工具之间交换，而且整个软件生命周期缺乏可跟踪性，这阻碍了端到端治理并降低了软件交付能力。因此，合理建设软件交付能力是做好软件交付的基础，是交付团队的内在基本功。

**2. 软件交付标准**

在软件交付之前，软件交付团队必须定义可交付成果，并对可交付成果的交付标准有深刻的理解。在实施过程中，应严格执行标准，避免出现偏差及造成不必要的损失，影响软件的正常交付。软件交付标准主要是指软件文档交付标准、源代码交付标准和可执行程序交付标准。交付标准用于确定交付的软件是否符合预期要求，是用户正常接受交付成果的基础。

（1）文档交付标准。

1）文档完备性，即所交付的文件是否按合同及附件的要求涵盖完整的周期和种类。

2）内容针对性，即文档是否为用户所需要，文档内容是否符合功能需求。

3）内容充分性，即文档的全面性和详细程度。

4）内容一致性，即不同文档中是否有前后矛盾或前后不一致的内容。

5）文档价值性，即文档是否能反映软件生命周期的整个过程，用户需求文档中提到的内容是否在设计、开发、测试、检查、交付中得到体现。

（2）源代码交付标准。

1）版权确认，即确保交付的代码没有版权问题。

2）代码完整，即所有实现用户需求的代码能正常编译、运行，不需要安装额外的工具、控件或插件。

3）可读性强，即源代码结构要分层、前后分离，代码注释量不低于程序编码量的30%。

4）配置规范，即提前对交付的源代码中的配置文件规格和要求进行定义，对配置项和参数进行统一约定，以保证其完整性和一致性。

（3）可执行程序交付标准。

可执行程序交付标准是一种通过软件测试验证可执行程序是否满足设计需求的交付标准。为了完成检验，需要对测试用例、测试过程和测试案例提出要求，因此可执行程序交付标准包括以下内容。

1）测试用例要求。列出用于输入和预期输出结果的具体值。需要将测试用例从测试设计中分离出来，这样测试用例就可以在多种设计、多种场景中使用。

2）测试规程要求。规定运行系统和执行测试用例以实现测试设计所需的所有步骤。

3）测试方案要求。测试方案分为针对性测试方案和抽样测试方案，前者适合耗时短、大面积试用后的标准，后者适合耗时可长可短、未大面积试用的标准。

软件交付标准是评估软件交付质量的基础。根据软件交付质量的评价结果，可以判断软件交付成果是否合格。因此，软件交付标准是衡量软件交付质量的重要标尺，也是评价软件交付结果的重要依据。

**3. 软件交付成果**

合格的软件交付成果是软件交付的最终目标，也是软件交付团队的工作方向。软件交付成果通常列在软件交付物列表中。软件交付成果是借鉴软件工程和项目管理的理论、方法和工具，对软件生命周期进行管理的可交付成果，分为过程交付成果和验收交付成果。

（1）过程交付成果。过程交付成果通常以文档的形式进行交付。以下是不同过程交付成果的示例。

1）需求过程，如用户需求说明书、软件规格说明书等。

2）设计过程，如总体设计说明书、概要设计说明书、数据库详细设计说明书、后台详细设计说明书、接口详细设计说明书、前端详细设计说明书等。

3）开发过程，如模块开发卷宗、开发进度月报、项目开发总结报告、开发功能说明书等，开发过程的交付成果还包括版本对应功能的源代码，源代码也是交付成果之一。

4）测试过程，如测试计划、测试分析报告、性能测试报告、验收测试报告等，测试过程的交付成果还包括对应版本相关功能的测试用例、测试报告等。

5）发布过程，如版本发布功能说明书、用户手册、操作手册等。

6）部署过程，如系统安装部署手册、主机集成部署方案、数据库集成部署方案等。

（2）验收交付成果。软件项目验收时，除提供过程交付成果外，还需要按照合同约定提供可执行程序的源代码或应用版本，以及软件交付的最终验收报告。不同的软件项目有不同的软件交付验收报告内容。软件质量管理中的软件交付验收报告模板是目前通用的，可以满足大多数软件项目的需求。该模板主要包括以下几个部分。

1）项目基本情况。

2）项目进度审核，细分为实施进度、变更情况、投资结算情况。

3）项目验收计划，细分为验收原则、验收方式、验收内容。

4）项目验收情况汇总，细分为验收情况汇总表、验收附件明细、专家组验收意见。

5）项目验收结论，细分为建设方结论、承建方结论、监理方结论。

6）附件，细分为软件平台验收、功能模块验收、项目文档验收、硬件设备验收（如果有硬件设备）。

各个工作流程对应的一些主要的交付件见表 5–2。

**表 5–2　　各个工作流程对应的交付件**

| 工作流程 | 交付件 | 说明 |
|---|---|---|
| 业务流程 | 业务模型 | 描述系统所处的业务背景 |
| 需求 | 前景文档 | 项目开发的目标、范围及系统的主要特性 |
| | 用例模型 | 定义系统的功能性需求 |
| | 补充规约 | 定义系统的非功能性需求（如性能、可靠性等） |
| | 词汇表 | 定义项目开发中所用到的专业词汇 |
| 分析 | 设计模型 | 采用 UML 语言记录的系统设计结果 |
| | 数据模型 | 采用 UML 语言记录的数据表结构 |
| 编码 | 源代码 | 所有的源代码文件 |
| | 单元测试报告 | 所有模块的单元测试报告，包括测试用例报告、代码覆盖率报告等 |
| 测试 | 测试计划 | 该系统是如何被测试的 |
| | 测试报告 | 系统测试的结果，包括通过的测试用例数、未通过的测试用例数及相关分析 |
| 部署 | 安装手册 | 软件产品安装步骤 |
| | 发布说明 | 所发布版本主要增加的功能、改正的错误等 |
| | 用户手册 | 用户使用手册 |
| | 部署计划 | 将系统部署到生产环境中去的计划 |
| | 材料清单 | 所有交付件的列表 |
| | 培训教材 | 针对最终用户的培训教材 |
| 项目管理 | 项目开发计划 | 该系统是如何被开发的 |
| | 风险管理计划 | 在开发过程中是如何管理风险的 |
| | 迭代计划 | 每一个迭代的详细开发活动计划 |

软件交付是项目管理的核心。项目管理的过程是合理构建交付能力的过程，在这个过程中要深入理解交付标准，关注交付成果，这是软件交付团队所有工作的核心。没有软件项目管理，软件交付将面临许多挑战，软件项目将难以成功。因此，好的软件交付还需要对软件生命周期面临的主要挑战有深刻的理解。

### （三）持续交付

持续交付是一种在短时间内完成软件产品的生产过程，以确保软件保持稳定和连续可发布状态的软件工程技术。持续交付的目标是使软件构建、测试和交付更快、更频繁。这种技术可以减少软件开发的成本和时间，降低风险。

持续交付类似于敏捷开发。采用敏捷开发是为了改进瀑布式开发。瀑布式开发是将开发严格地划分为几个阶段：需求分析、要件定义、基本设计、详细设计、编码、单元测试、集成测试、系统测试等。有点像工厂的流水线，下一阶段的工作只有在前一阶段的工作完成后才能开始，这意味着没有回头路。返工成本很高，用户无法对需求进行反馈，不适应。这种开发方式已经不能适应当前多变、模糊、不确定的互联网环境。因此，敏捷开发应运而生。敏捷开发方法的核心是迭代，即在数周内持续交付，满足客户需求。每个迭代都包括需求分析、设计、实现和测试，每个迭代都可以产生一个稳定的、经过验证的软件版本。

敏捷开发是强调敏捷的软件开发项目管理方式，而持续交付是强调效率和灵活的一种软件工程技术，因此可以将持续交付定义为敏捷开发管理的一个子集。

持续交付的概念很容易与持续集成和持续部署混淆，在此阐述各个概念的定义以便区分。进入开发阶段之前，研发工作被分解成不同的功能模块或由不同的人开发的几个任务。拆分后，需要将代码组合成一个完整、有效、正常运行的代码，这个过程称为集成，不断重复地进行集成，就是持续集成的概念。持续部署是持续交付的最高阶段，在此阶段，代码在自动测试、单元测试或审查之后自动部署到正式（目标）环境，以便快速且安全地交付给用户。持续交付是在持续集成之后，通过产品测试、使用、验证和反馈来迭代优化产品的过程。

# 第二节　智能语音产品交付文档的规范和撰写要求

**考核知识点及能力要求：**

- 了解产品交付文档的定义和种类；
- 了解产品交付文档规范的必要性；
- 了解产品交付文档的撰写标准及撰写过程中的考虑因素。

## 一、产品交付文档的概述

### （一）产品交付文档的定义

当产品最终交付用户时，相关的文档也需要被一并交付给用户，这些带有关于软件产品的使用、维护、增强、转换和传输的信息的文档，被称为产品的交付文档。

### （二）产品交付文档的种类

基本的产品交付文档有软件产品规格说明（SPS）、软件版本说明（SVD）、用户手册（SUM）以及操作手册（COM）等。交付给用户的文档所具有的规模和种类，由产品提供者与用户的双方合同所约定。而具体的用户文档名称，取决于项目合同和软件开发计划中对最终交付文档的规定。如用户使用手册、用户参考手册、用户技术手册等。

## 二、产品交付文档的规范和撰写

### （一）产品交付文档规范的必要性

规范编制的交付文档，并不仅仅是书写于纸面的条文和记录。作为产品交付的档案，对其进行认真且严格的规范将对项目过程的管理起到很好的保障作用。它的主要意义和作用包括：

（1）阶段评审标准的里程碑，产品生命周期的标志性成果。

（2）为使用产品的任何人提供培训和参考信息。

（3）为开发者和管理者对产品使用过程的监督提供方便。

（4）促进产品的市场流通或提高产品的可接受性。

### （二）产品交付文档的撰写标准

软件文档源自实际的软件项目开发，但文档的撰写应该严格按照相关的国际或国家标准来进行。1988 年，国家标准化管理委员会发布了《计算机软件开发规范》以及《软件产品开发文件编制指南》等标准，而在 2006 年国家标准化管理委员会又发布了《计算机软件文档编制规范》以对相关的规范进行更新，这使得撰写产品交付文档的工作有章可循。

一般来说，一个软件只是一个系统（包括硬件、固件和软件）的一个组成部分。鉴于系统的多样性和复杂性，2006 年发布的《计算机软件文档编制规范》中的标准仅仅是软件开发过程中的文档撰写指南。

### （三）产品交付文档撰写过程中的考虑因素

随着产品交付给用户，相关文档也会一并由用户归档。这时使用产品和对产品进行维护很大程度上需要依赖产品交付文档的说明，因此产品交付文档应当准确且可靠。这意味着要向用户交付高质量、高可信度的文档。在产品交付文档的撰写过程中要考虑如下各项因素。

#### 1. 文档内容的针对性

产品交付文档面向的读者包括但不仅限于社会公众，还可能有个人或小组、软件开发单位的成员或从事软件工作的管理人员等。要向这些读者详细说明产品的功能

或者设计，以方便读者使用、维护产品或对产品进行计划管理，就必须要了解读者的需求。因此对文档进行撰写时，要注意适应读者的水平、特点和需求。

**2. 文档内容的完整性**

任何一个文档都应该是完整且独立的，可以自成体系。有时需要以内容重复来保证各自的完整性和独立性。较明显的重复有两类。第一类是引言部分，这是每一种文档都需要包含的内容，以向读者提供总的梗概。第二类是说明部分，包括对功能、性能的说明，对产品中包含设备的说明等。这些重复是为了方便读者，尽量避免出现读一份文档时又不得不去参考另一份文档的情况。

**3. 文档编制的灵活性**

（1）文档内容的详细程度。文档的篇幅大小往往各不相同，少则几页，多则上百页。其主要取决于产品的任务规模、复杂性及开发者和管理者对该产品的使用说明及对该产品运行环境所需要的详细程度的判断。

（2）文档内容的扩展。当被开发的系统具有较大的规模时，文档可以拆分成几卷来进行编写，例如操作手册可分拆成操作手册和安装实施过程手册。

（3）文档中章、条的扩张与缩并。编写文档时，可采用《计算机软件文档编制规范》中的标准所规定的章条标题。但所有的条都可以扩展和细分，以适应实际需求。同理也可按实际情况对章条中的细节进行缩并。注意经过扩展、细分或者缩并后的章或条的编号也需要进行相应的变更。

（4）文档内容的表现形式。在进行文档的编写时，可以使用自然语言，或者是特别设计后的形式化语言，又或者是介于两种语言形式之间的半形式化语言（结构化语言），以及各种图形和表格。文档的组织形式除书写外，还可以通过计算机辅助工具来生成，然后再通过打印输出，或者也可以直接在机器上浏览查看。但要注意的是一定要对文档妥善保存和保管，以免重要的信息损坏或遗失。

**（四）实训**

阅读《计算机软件文档编制规范》，进一步学习产品交付文档的撰写规范和标准。

# 第三节　智能语音产品的主要组件和安装、配置、调试方法

**考核知识点及能力要求：**

- 了解智能语音产品的核心组件；
- 了解公有云、私有云、混合云三种部署方式及优缺点。

## 一、核心组件

在我们日常生活中语音如影随行。所谓语音，核心就是指人发出的声音，在人与人之间互相的交流中，我们可以通过聆听获取声音信息，然后将声音信息经过听觉器官和人脑的共同处理，转译成语义信息，最后再依靠文字、声音等方式表达出来，而智能语音发展的意义是给机器赋予“听说读写”的能力。

可以将智能语音概括为一种以语音信号识别为基础，搭配自然语言处理和对话管理等技术，将语言输入信息提取、分析，最终通过语音合成或文字等方式输出并完成响应的人机语言交互技术。根据处理目标的不同，可以把智能语音分为语音识别、语音增强、声纹识别、音频分类、声源定位、语音唤醒、语音合成七个核心技术，需要通过语音样本来实现。

### （一）语音识别

语音识别，即让计算机模仿人的听觉系统，在人们输入语音信号后，计算机输出

对应的文字信号。语音识别是很多任务的基础，例如为完成语义分析、语义理解、内容检测等任务，都需要事先将语音转移为文本，再进行进一步的处理。目前主流的语音识别方法有传统的基于 HMM-DNN 的 Hybrid 方法和基于深度学习的端到端识别方法。传统语音识别流程一共分为四个步骤：特征提取、训练声学模型、训练语言模型、解码搜索。基于深度学习的端到端识别方法主要采用 Encode-decode 的框架，直接将语音特征输入模型进行训练并直接产生文本结果，这种端到端的训练流程相较于传统的训练流程更为简化，也是目前研究的热点、趋势。

### （二）语音增强

语音增强是指从带有噪声干扰的语音信号中，提取出有用的语音信号，或者是指把纯净的语音信号，加入噪声干扰。常见的语音增强的方法有去噪声、加噪声、去混响、加混响、调整语速以及在语谱图上使用“specAug”等方法，这些方法被用在语音识别的训练中，以增加模型的鲁棒性，提高语音识别的能力。

### （三）声纹识别

声纹识别技术又称说话人识别技术，它是利用计算机系统自动完成说话人身份识别的一项智能语音核心技术。这种技术基于语音中所包含的说话人特有的个性信息，利用计算机以及现在的信息识别技术，自动鉴别当前语音对应的说话人身份。

### （四）音频分类

音频分类是音频深度学习中应用最广泛的一种，它主要学习对声音进行分类，并预测声音的类别。它可以应用于许多情境中，例如，对音乐片段进行分类以识别音乐的流派；对音频片段进行男女分类以区别说话者性别；对音频片段是否属于娇喘进行分类，以区分是否是违规音频。

### （五）声源定位

声源定位是听觉系统对发声物体位置的判断过程，它包括水平声源定位和垂直声源定位以及与听者距离的识别。声源定位技术可以分为两大类，即声阵列（也叫传声器阵列或麦克风阵列）声源定位和声强探头声场测试。声源定位技术可用于噪声源定位、异音异响测试、机器人声音定位、飞机噪声测试和电力设备监测等领域中。

### （六）语音唤醒

语音唤醒是在连续语流中实时检测出说话人特定片段（如小艺小艺、Hi Siri 等），是一种小资源的关键词检索任务，也可以将其看作为一类特殊的语音识别。将它应用在智能设备中能起到保护用户隐私、降低设备功耗的作用，它经常扮演一个激活设备、开启系统的入口角色，在手机助手、车载系统、可穿戴设备、智能家居、机器人等领域运用得尤其普遍。

### （七）语音合成

语音合成，又称文语转换（text to speech）技术，能将任意文字信息实时转化为标准流畅的语音朗读出来，通过不同的音色读出想表达的内容。它涉及声学、语言学、数字信号处理、计算机科学等多个学科技术，是信息处理领域的一项前沿技术，解决的主要问题就是如何将文字信息转化为可听的声音信息，即让机器像人一样开口说话。它在语音导航、信息播报等领域有着重要的应用。

### （八）语音样本

以上七大核心技术，在训练过程中都需要训练样本，因此带标注的语音样本在整个智能语音中发挥着犹如地基的作用，它的获取成本和存储成本相对来说都很高。目前不管什么任务，训练时长基本都是以万小时，甚至十万小时为单位，因此，设计一个高效、稳定的数据库是非常必要的。

## 二、安装、配置、调试方法

智能语音服务商深耕行业，解决方案多样性主要体现为行业布局、场景分支、产品模式及部署模式差异化。而多元化智能语音方案，从多个维度触及了不同行业的差异化需求，使智能语音不再是单一技术应用，从根本上定制行业解决方案。定制化的行业方案，以及标准化的企业方案是智能语音服务商核心的业务模式，根据行业企业的差异化需求，服务商可从场景应用、部署模式等多个方向完成定制。

智能语音企业级市场主要产品模式分为 AI 开放平台技术输出和定制解决方案两种。AI 开放平台技术提供基于公有云的软件即服务（SaaS），将应用软件统一部署在服务器。根据企业需求，提供 API 接口或快速集成的在线智能语音软件开发工具包

（SDK）。定制解决方案基于技术能力和行业理解，将设备和应用场景进一步融合。提供包含硬件服务、平台服务在内的混合云或私有云部署，相比开放平台技术输出，拥有更高的定制度。

### （一）公有云部署

服务商或第三方提供资源、技术及应用开发，并部署在云服务供应商平台中，企业用户依托云平台，无自建服务器需求，仅需平台账户即可实现智能语音应用。

### （二）私有云部署

私有云是企业传统数据中心的延伸和优化，属于非共享资源，因此安全和服务质量都较公有云有更好的保障。由企业客户自行组建技术团队，对智能语音应用进行运营管理。

### （三）混合云部署

混合云即同时部署公有云和私有云，使企业拥有公有云灵活、便利、自动化程度高和私有云安全、可掌控、费用透明的优势，是目前相对理想的云部署模式。

各部署方式的优缺点见表 5–3。

**表 5–3　不同云部署之间的优缺点**

| 特点 | 公有云部署 | 私有云部署 | 混合云部署 |
|---|---|---|---|
| 建设成本 | 建设成本较低，企业负担软件费用 | 建设成本较高，企业需要对私有云完成建设、运维与管理 | 介于公有云和私有云之间 |
| 数据安全 | 数据中等安全 | 数据十分安全 | 数据相对安全 |
| 定制化程度 | 定制化程度较低 | 定制化程度较高 | 定制化程度中等 |
| 部署周期 | 部署周期极短 | 部署周期长 | 部署周期中等 |
| 扩容能力 | 扩容能力优秀 | 扩容能力较差 | 扩容能力中等 |
| 使用企业 | 适用以智能客服、内容风险控制为核心需求的中小微企业，主要应用在电商、教育、直播审核等场景 | 适用于对数据敏感、对安全性要求较高的行业，典型代表为金融业、政务行业等 | 公有云和私有云的优劣较为明显，混合云将成为未来智能语音厂商的核心发力点，适用于大多数企业 |

## 思考题

1. 智能语音产品软件交付过程包含的步骤有哪些？

2. 衡量软件交付性能的量化的指标有哪些？

3. 智能语音产品交付时，如何评估已开发产品的质量？

4. 列举智能语音产品交付过程中需要注意的事项。

5. 总结智能语音产品的软件验收和交付过程中常见的问题，分析导致这些问题的原因，提出相应的解决方法。

6. 如何提高智能语音产品团队的软件交付能力？

# 第六章 智能语音产品运维

智能语音产品运维是指对提供智能语音服务的系统进行的日常运营和维护工作。智能语音产品需要并发处理大量的语音数据和请求，同时也会涉及和用户的多轮交互，因此，在稳定性、可靠性、响应时延等方面对运维提出了很高的要求。本章会从资源需求、运维规范、监控巡检等几个方面介绍智能语音产品基础运维的一些相关知识。

- **职业功能：** 智能语音产品的基础运维。
- **工作内容：** 智能语音产品的资源需求及运维的流程、规范。
- **专业能力要求：** 有 Linux 使用经验。对主流云厂商的常见资源有使用经验。
- **相关知识要求：** 对 CVM、GPU、云存储、对象存储等有初步认识。

# 第一节　智能语音产品的资源需求

**考核知识点及能力要求：**

- 了解 CPU 类资源需求；
- 了解 GPU 类资源需求；
- 了解存储类资源的需求。

## 一、CPU 类资源的需求

大部分的业务场景下，都有计算类业务的需求。智能语音产品架构大体可以分为四层：流量接入层、数据格式化层、策略层和模型决策层。其中流量接入层、数据格式化层和策略层部署所需要的资源都是 CPU 类型的机器，以下略作介绍。

### （一）流量接入层

该层的主要作用是做鉴权和路由分发的工作。本身对计算能力要求不是太高。对一台 4 颗 CPU 8 G 内存（4 C 8 G）的虚拟私有云来说，扛几千每秒查询率（qps），CPU 消耗平均在 50% 左右。

### （二）数据格式化层

该层的主要作用是数据的输入和输出，对 CPU 消耗较大。主要是因为音频和音频流的下载功能落在了该模块上。该层用的机器配置一般是 16 C 32 G，单机能扛的每秒查询率在 200 条 / 每秒左右。

### （三）策略层

顾名思义，所有的请求都要经过策略层从上而下地匹配所有策略。所以这一层对CPU和内存的消耗都会比较大。假如策略很多，比如是几十万的量级，内存需要可能会到64 G；如对耗时要求很高，CPU一般也会在16 C左右。

## 二、GPU类资源的需求

GPU类资源需求一般来自智能语音产品的模型决策层。智能语音产品对GPU的需求主要是在ASR阶段。ASR全称是Automatic Speech Recognition，是一种将语音转换成文本的技术，这个服务可以通过CPU也可以通过GPU来进行计算，单片GPU相比单片CPU的成本是高的，同时性能也是提升的，需要根据具体环境测算一下性价比。

## 三、存储类资源的需求

存储类资源的需求分为三类：第一种是本身各个业务模块产生的临时日志；第二种是临时日志收走后，会存储到大数据仓库里面，如HADOOP；第三种是拉下来的音频文件，这种一般存储到对象存储里面，各大云厂商都有自己对应的存储产品。

### （一）各个业务模块的临时日志

一般就是用各个云厂商的云盘，挂载到对应的虚拟专用服务器（VPS）里面。因为本身对每秒进行读写操作的次数（iops）要求都不会很高，所有一般就用普通云盘，无须高性能云盘。

### （二）大数据存储

比较上规模的公司都有专门的大数据团队来搭建HADOOP、STORM等来存储公司的海量数据。这种集群的搭建一般都需要物理机，如2颗48核心的CPU，内存200 G左右，硬盘2T×24。机器数量要根据要存储的数据量，以及保留的副本数综合来计算。

### （三）对象存储

因为本身成本比较低，所以对存储要求比较大，访问频度不高的需求都会用对象存储。比如下载下来的音频文件，就会存储到对象存储里面。对于超过一定时间的音频文件，还可以放到冷存储里面，成本会进一步降低。

# 第二节 智能语音产品的运维规范

**考核知识点及能力要求：**

- 掌握上线程序的目录规范要求；
- 掌握上线程序的脚本规范；
- 掌握服务日志规范；
- 掌握服务 tag 规范；
- 掌握数据库规范；
- 掌握服务上线规范。

## 一、程序的目录结构规范

严格的目录规范，有利于后期成本的降低。所以在运维规范里面，必须对程序要部署的目录做严格的要求。同时在产品开发前，对每个目录要存放的内容做好沟通。表 6–1 是我们做的目录规范，供大家参考：

**表 6–1　程序目录结构规范**

| 服务的目录 | 说明 | 备注 |
|---|---|---|
| bin | 存放服务可执行程序，启动、检查、关闭和重启服务的脚本等，必须有 start.sh/check.sh/stop.sh/restart.sh | 1. 脚本名必须固定且不能加参数（要简单统一）；<br>2. 服务宕必须能拉起来 |
| conf | 配置文件目录，存放不同地区的配置信息，比如：flags.conf.bj/flags.conf.bj–js | 每个地区指定一个配置文件，上线到不同地区通过软链来解决 |

续表

| 服务的目录 | 说明 | 备注 |
|---|---|---|
| lib | 程序所必需的所有库文件，尽量不依赖系统的库文件，方便移植兼容 | 通过 ldd 参考服务所需库文件 |
| log | 日志目录、日志名、日志内容格式、日志轮转和清理方式 | 看详细规范 |
| models | 存放各种模型 | 可以单独上线数据模型 |
| monitor | 运维日志监控和报警目录 | 由运维维护 |
| VERSION | 版本号文件 | 由运维在编译制作安装包时生成 |
| ../backup | 程序备份 | 每次上线会将老版本挪入此目录 |

## 二、程序上线的脚本规范

脚本是运维人员经常要写、经常要用的。它对提高自动化能力、业务的稳定性都有非常显著的作用。表 6–2 是程序上线脚本规范。

**表 6–2　程序上线脚本规范**

| 脚本名称 | 用途 | 备注 |
|---|---|---|
| build.sh | 编译程序，由应用的开发人员提供，将所需要的程序、配置文件和运行库全部放到一个顶级目录下，能够做到 copy 目录到相同的 OS 下运行成功 | |
| init.sh | 初始化程序，由应用的开发人员提供脚本，根据资源文件和模板文件生成对应的配置文件并做软链，扩展功能包括初始化服务所需的数据库和数据 | |
| start.sh | 启动程序，由应用的开发人员提供，需要能在异常退出后自动启动，通过 while 循环实现 | |
| zk–offline.sh | 主要做到在 stop.sh 执行之前，先把当前服务从 zk 中摘掉，保证不再接收新请求，同时完成已有的请求 | 2019–11–02 新增 |
| zk–check.sh | 主要对 zk–offline.sh 执行结果进行检查 | 2019–11–02 新增 |
| stop.sh | 关闭程序，由应用的开发人员提供 | |
| check.sh | 检查程序，由应用的开发人员提供，不只检查进程是否存在，必须向端口发送数据，确定能得到正确的回应结果，服务正常返回 0，异常返回非 0，比如 1 | |

续表

| 脚本名称 | 用途 | 备注 |
|---|---|---|
| restart.sh | 重启程序，由应用的开发人员提供，调用 stop.sh/start.sh，然后 check.sh，成功返回 0，异常非 0，必须有返回状态，给调用者反馈信息便于下一步处理 | |
| install.sh | 安装用的程序，由运维人员提供 | |
| make_pkg.sh | 制作安装包程序，由运维人员提供 | |
| logwatchdog.sh | 监控报警程序，由运维人员提供 | |

## 三、程序的日志规范

日志规范主要是对研发人员提的要求。因为日志是排查线上故障非常重要的手段。如果日志目录不规范以及日志格式很乱，对排查问题效率的影响是非常大的。

### （一）日志文件规范

（1）放在应用程序的主目录的 log/ 目录下，比如 arbiter/log/arbiter.INFO；

（2）日志文件名统一成 git 项目的名字，比如 list.INFO，main-interface.INFO；

（3）日志文件名固定，便于日志监控，可以用软链文件名；

（4）日志文件按容量大小轮转，轮转次数根据实际情况可自定义。

### （二）日志内容格式规范

（1）所有日志内容必须是 kv 格式，如 key=value；

（2）kv 之间的分隔符是 tab 键，为了避免 value 的内容和分隔符冲突，value 的内容有 tab 的必须转义或用其他字符替换；

（3）日志内容分四个级别，分别是 logLev=[ FATAL ]、logLev=[ ERROR ]、logLev=[ WARN ]、logLev= [ INFO ]，必须是这几个固定关键字，用于监控报警；

（4）日志内容里必须有 key 的名字叫“obj”的，表示连接本服务、连接另一个服务或对象报的错，用来做每日 log 类型统计、邮件主题等，比如 obj=mysql、obj=list；

（5）建议 key 的名字简写，减少日志空间浪费，比如 ts=I0109 11 : 43 : 45.044749。

### （三）日志级别规范

（1）[ FATAL ] 调用的服务超时后再重试 1 次还不可用时，发送短信、微信提醒。

（2）[ ERROR ] 调用的服务失败，发送邮件。

（3）[ WARN ] 参数不合法、执行条件异常等。

（4）[ INFO ] 需要了解的信息。

## 四、服务的 tag 规范

### （一）服务安装包的 tag

服务类型—服务名—版本号。

### （二）数据和模型的安装包的 tag

data- 服务名 . 模型名—版本号。

### （三）命名限制

（1）服务名不能有下划线“_”，因为跟安装包命名冲突，比如：pkg_img-processor-gpu_1.0.9_bj-js-gpu.tgz。

（2）服务名不能有点“.”，因为跟模型名冲突，比如：data-img-processor-gpu.ocr。

## 五、数据库规范

### （一）判断是否用多个实例的原则

首先根据功能、逻辑、产品、重要程度划分；其次根据性能指标、读写频度、空间占用大小划分。

例如：元数据库是各种数据字典表的集合，特点是数据量小，读写更新不频繁但数据非常重要；历史记录库是各种请求记录历史表的集合，特点是数据量非常大，读写频繁，需要定期清理，不是特别重要；金融数据库是只跟金融相关的特别重要的库。

### （二）线上库表新增规范

（1）必须说明数据表属于哪个项目、产品，有什么用途和功能。

（2）说明谁来写表、更新表，谁来读表。

（3）说明是否需要清理数据，保存多久的数据。

（4）说明是否要永久保存数据、备份数据。

（5）建表语句的字段必须有注释，确保能通过 show create table 查看到字段的注释。

## 六、服务的上线规范

### （一）上线操作规范

（1）架构代码上线需提前进行灰度操作，版本差异两个以上，功能更新涉及客户接口或返回结果的需要提前一天进行灰度，晚高峰观察有无异常，其他架构代码可上线日当天灰度，观察 1 小时以上。

（2）模型上线在 9：00 前推完全部模型，开始灰度，研发验证出分，无问题后全量。

（3）基础服务更新需在全部服务上线完成后操作。

（4）上线可单台或批量，以不影响客户使用为准，文本 P95 不超过 100 ms、图片不超过 1 s。

（5）临时机开机更新完代码后，及时关闭临时机，避免造成资源浪费。

### （二）回滚规范

（1）所有线上服务至少保留 2 个版本。

（2）服务回退是修改软链到之前稳定版本。不允许其他操作。

（3）所有操作必须脚本化完成，避免单步操作。

（4）关注机器负载、服务耗时监控，时间不低于 30 min。

# 第三节　智能语音产品的日常巡查规范

**考核知识点及能力要求：**

- 掌握查看服务健康状态；
- 掌握通过 top/free 等查看 linux 系统的资源使用情况；
- 掌握通过 df 命令查看磁盘及 inode 节点的使用情况。

## 一、查看各类服务走势是否正常

监控系统是运维团队非常重要的发现线上问题的手段。我们可以用 Zabbix、Grafana+Prometheus 来搭建自己的监控系统。Zabbix 用于监控 CPU/ 内存、磁盘等基础监控指标。Grafana+Prometheus 来监控业务指标，通过 Grafana 强大的展示功能，灵活展示各类业务相关的指标。在中高级教材里面，会针对监控系统做详细的阐述。

文本监控是通过监控系统，查看文本服务耗时和每秒查询率等是否正常。文本服务平均耗时一般要在 100 ms 以内。文本监控示例图如图 6-1 所示。

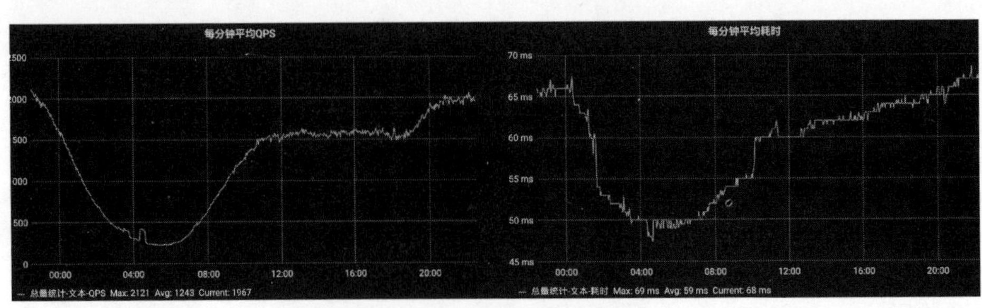


图 6-1　文本服务监控

图片服务监控是通过监控系统，查看图片服务耗时和每秒查询率等是否正常。图片服务平均耗时一般要控制在 800 ms 以内。图片服务监控示例图如图 6–2 所示。

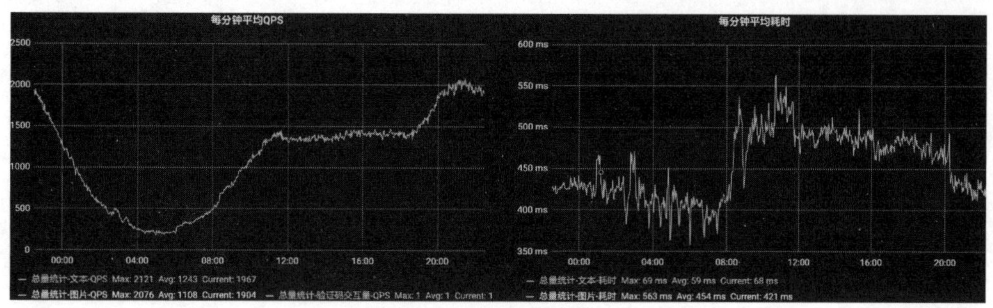


**图 6–2　图片服务监控**

## 二、查看 CPU/ 内存服务资源状态

CPU 空闲率一般情况下要控制在 50% 左右。具体主要取决于业务对耗时是否敏感。比如文本服务，客户要求 150 ms 内必须返回结果。这种情况 CPU 空闲率越高，请求的处理速度就会越快。比如音频流业务中，客户对耗时要求没那么高，CPU 的空闲率可以控制在 30%，甚至更低。图 6–3 为 CPU 监控示例。

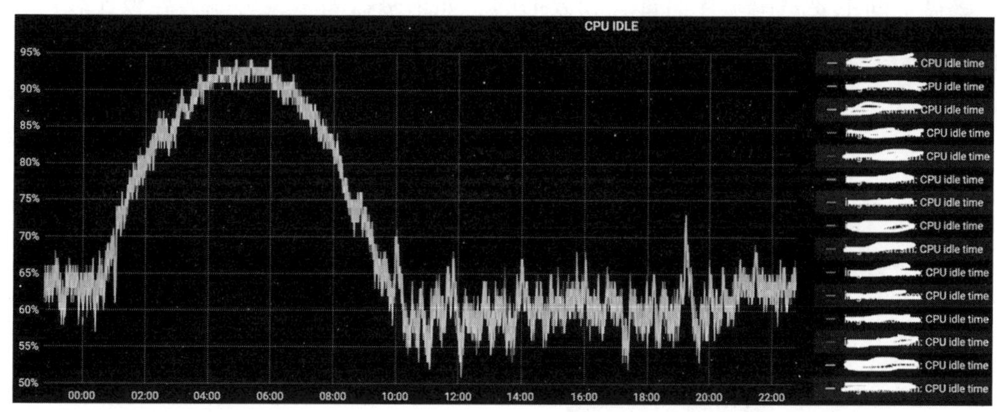


**图 6–3　CPU 监控**

可用内存剩余量监控。Linux 操作系统本身对剩余内存是有控制的。假如内存剩余过小，系统会删掉占内存最大的用户进程，从而保证操作系统不会出问题。一般情况下，剩余内存只要高于 2 G，系统相对来说就是比较安全的。如图 6–4 所示。

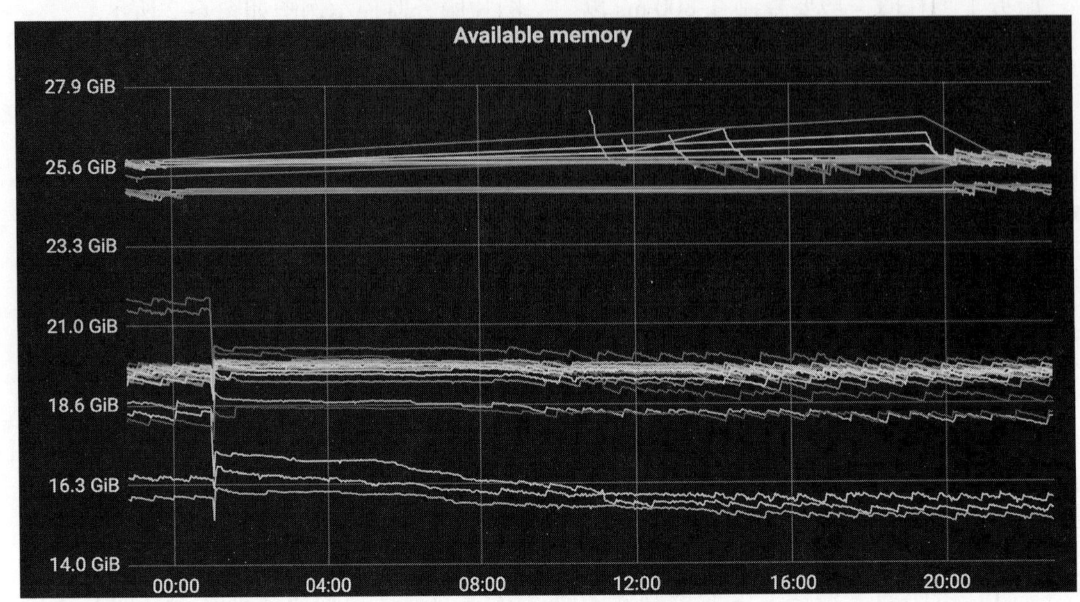


图 6–4　可用内存剩余量监控

## 三、查看磁盘状态及空间使用率

磁盘空间主要是用来存储日志和数据的。如果磁盘满了，可能会导致比较严重的故障。比如丢失数据、程序异常退出等。如图 6–5 所示。

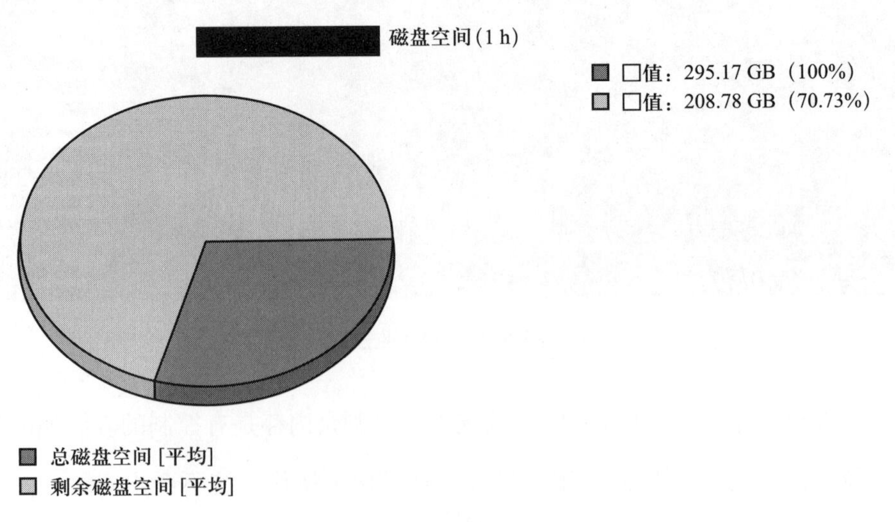


图 6–5　磁盘使用监控

磁盘使用监控一般根据磁盘总空间大小，以及数据的写入速度综合判断、设置。一般情况下将磁盘使用率设置在 80% ~ 95%。

## 思考题

1. 智能语音产品的资源需求有哪几类？
2. 智能语音产品的运维规范包含哪些？
3. 如何人工查看系统资源使用情况？
4. 假定你是一款智能语音产品的运维人员，请出具一个确保服务稳定的方案。

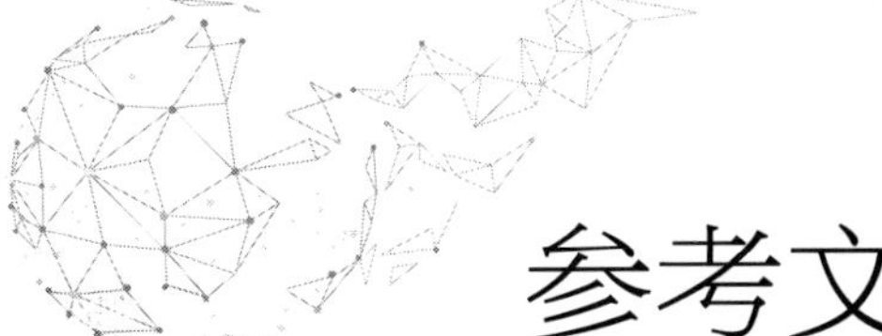

# 参考文献


［1］胡浩麟，林向伟．深度神经网络压缩与加速综述［J］．信号处理，2022.

［2］袁野，马彦超，陶于祥，等．基于内容分析法的中国人工智能产业政策分析——供给，需求，环境框架视角［J］．重庆大学学报（社会科学版），2021.

［3］Collobert R，Bengio S，Mariéthoz J. Torch：A Modular Machine Learning Software Library［R］. Idiap，2002.

［4］Abadi M，Barham P，Chen J，et al. TensorFlow：A System for Large-scale Machine Learning［C］. USENIX Association. USENIX Association，2016.

［5］LeCun Y，Boser B，Denker J S，et al. Backpropagation Applied to Handwritten Zip Code Recognition［J］. *Neural Computation*，1989.

［6］Yao Z，Wu D，Wang X，et al. Wenet：Production Oriented Streaming and Non-streaming End-to-end Speech Recognition Toolkit［J］. *arXiv preprint* arXiv：2102.01547，2021.

［7］Zhang B，Wu D，Peng Z，et al. WeNet 2.0：More Productive End-to-End Speech Recognition Toolkit［J］. *arXiv preprint arXiv*：2203.15455，2022.

［8］Dillon J V，Langmore I，Tran D，et al. Tensorflow distributions［J］. *arXiv preprint arXiv*：1711.10604，2017.

# 后 记

在如今的社会环境中，人工智能成为重心，同时改善了数十亿人的生活，在诸多领域遍地开花，领域覆盖制造、交通、电力、金融、互联网等各行各业。人工智能产业规模增长迅速，但由于行业技术密集程度高、从业人员学历要求显著高于其他领域等原因，我国人工智能产业人才队伍还存在较大缺口。

《中华人民共和国国民经济和社会发展第十四个五年规划和 2035 年远景目标纲要》提出，发展算法推理训练场景，推动通用化和行业性人工智能开发平台建设。为深入实施人才强国战略，加强全国专业技术人才队伍建设，促进专业技术人才能力素质提升，根据国家“十四五”规划和 2035 年远景目标纲要，人力资源社会保障部、财政部、工业和信息化部、科技部、教育部、中国科学院联合发布《专业技术人才知识更新工程实施方案》，以进一步加强专业技术人才队伍建设，推进专业技术人才继续教育工作。

2019 年 4 月，《人力资源社会保障部办公厅　市场监管总局办公厅　统计局办公室关于发布人工智能工程技术人员等职业信息的通知》（人社厅发〔2019〕48 号）发布。

在人力资源社会保障部、工业和信息化部的部署和指导下，中国电子技术标准化研究院牵头开展《人工智能工程技术人员国家职业技术技能标准（2021 年版）》（以下简称《标准》）的研制工作，北京航空航天大学、百度在线网络技术（北京）有限公司、上海依图网络科技有限公司、上海燧原科技有限公司、上海商汤智能科技有限公司、星云融创科技有限公司、北京旷视科技有限公司、科大讯飞股份有限公司、北京易华录信息技术股份有限公司、中国机械工程学会、第四范式（北京）技术有限公司、北京来也网络科技有限公司、青岛伟东云教育集团有限公司、中国国信信息总公司等单位共同编写。2021 年 9 月，《标准》由人力资源社会保障部、工业和信息化部联合发布，详见《人力资源社会保障部办公厅　工业和信息化部办公厅关于颁布集成电路工程技术人员等 7 个国家职业技术技能标准的通知》（人社厅发〔2021〕70 号）。

为更好地指导人工智能从业人员开展技术技能培训和评价，补充人工智能人才缺口，根据《标准》，人力资源社会保障部专业技术人员管理司指导中国电子技术标准化研究院，组织有关专家开展了人工智能工程技术人员培训教程（以下简称教程）的编写工作，用于全国专业技术人员新职业培训。

人工智能工程技术人员是从事与人工智能相关算法、深度学习等多种技术的分析、研究、开发，并对人工智能系统进行设计、优化、运维、管理和应用的工程技术人员，共设三个等级，分别为初级、中级、高级。初级、中级、高级均设五个职业方向：人工智能芯片产品实现、人工智能平台产品实现、自然语言及语音处理产品实现、计算机视觉产品实现、人工智能应用产品集成实现。

与此相对应，教程也分为初级、中级、高级培训教程，分别对应其专业技术考核要求。此外，《人工智能基础知识》对应标准基本要求部分。《人工智能基础知识》教程是各等级培训教程的基础。

在使用本系列教程开展培训时，应当结合培训目标与受训人员的实际水平和专业方向，使其学习应掌握的内容。在人工智能工程技术人员各专业技术等级的培训中，《人工智能基础知识》是初级、中级、高级工程技术人员都需要掌握的；各职业方向培训过程中，可以根据培训方向与受训人员实际，选择使受训人员掌握人工智能芯片产品实现、人工智能平台产品实现、自然语言及语音处理产品实现、计算机视觉产品实现、人工智能应用产品集成实现五个职业方向的相应内容。培训考核合格后，受训人员获得相应证书。

初级教程是《人工智能工程技术人员（初级）——人工智能芯片产品实现》《人工智能工程技术人员（初级）——人工智能平台产品实现》《人工智能工程技术人员（初级）——自然语言及语音处理产品实现》《人工智能工程技术人员（初级）——计算机

视觉产品实现》《人工智能工程技术人员（初级）——人工智能应用产品集成实现》。上述五册分别涵盖了《标准》中相应职业方向初级应具备的专业能力和相关知识要求。

本教程适用于大学专科学历（或高等职业学校毕业）及以上，电子信息类、自动化类、计算机类等工科专业学习背景，具有较强的学习能力、计算能力、表达能力和逻辑思维能力，参加全国专业技术人员新职业培训的人员。

人工智能工程技术人员需按照《标准》的职业要求参加有关培训课程，取得学时证明。初级 64 标准学时，中级 80 标准学时，高级 80 标准学时。

本教程是在人力资源社会保障部、工业和信息化部相关部门指导下，由中国电子技术标准化研究院组织编写，来自北京航空航天大学、西安交通大学、华南理工大学、江南大学、南京理工大学、华中科技大学、上海商汤智能科技有限公司、第四范式（北京）科技有限公司、北京数美时代科技有限公司、北京易华录信息技术股份有限公司、武汉船用机械有限责任公司、北京来也网络科技有限公司等高校及科研院所、企业的人工智能领域的核心专家参与了编写和审定，同时参考了多方面的文献，吸收了许多专家学者的研究成果，在此表示衷心感谢。

由于编者水平、经验与时间所限，本教程的不足与疏漏之处在所难免，恳请广大读者批评与指正。

本书编委会<br>2022 年 11 月